関数解析からの
フーリエ級数とフーリエ変換

梶木屋 龍治 著

現代数学社

まえがき

フーリエ級数とは, 与えられた関数を 1, $\sin nx$, $\cos nx$ $(n = 1, 2, 3, \ldots)$ の級数として表したもののことである. この理論の創始者ジョセフ・フーリエについて少し話をする. フーリエ (Jean Baptiste Joseph Fourier) は, 1768 年フランス中部の町オセールで裁縫職人の子として生まれた. 1798 年ナポレオンがエジプトに遠征した時に, 数学者のモンジュと共に文化使節団の一員として随行した. 翌年, ナポレオンは少数の側近を伴って, ヨーロッパに逃げ帰っている. ナポレオンの親しい友人であるモンジュは, このときナポレオンと一緒に帰っているが, フーリエは多くの将兵とともに取り残され, 彼が帰国したのは 1801 年である. 1802 年にフーリエは, グルノーブルに県庁を置くイゼール県の知事に任命され, そこで知事としての仕事をする一方で, フーリエ解析の理論を始めている. 熱伝導方程式についての彼の最初の論文「固体における熱の伝播について」は, 1807 年に投稿されたが掲載されなかった. しかし 1812 年, この論文を加筆, 訂正して懸賞論文の大賞を得ている. このときの審査員の一人であるラグランジュは, 論文の数学的厳密性に問題があると指摘した. しかしながらその独創性と重要性が認められ大賞を受賞している. 1815 年ナポレオンがセントヘレナ島に流されてからは, フーリエはブルボン家からひどい扱いを受けていたが, 同情した友人のセーヌ県知事からセーヌ県統計局長の仕事をもらった. 晩年はフランス科学アカデミーとアカデミー・フランセーズの会員として研究を続けて, 1830 年に亡くなった. 1822 年に著書「熱の解析的理論」を出版している. 彼の理論は, 数学, 物理学, 工学の様々な分野において, 極めて効力があり非常に応用範囲の広いものである.

本書では, フーリエ級数とフーリエ変換の基本的な性質を説明し, それらに関する重要な定理を解説し, これらを基にして様々な偏微分方程式の解法について述べる. またヒルベルト空間を定義し, L^2 空間や ℓ^2 空間を導入して, フーリエ級数やフーリエ変換を関数解析的な視点から解説する.

本書の構成は次のようになっている. 第 1 章ではフーリエ級数, 正弦級数, 余弦級数を定義し, その計算方法を解説する. また, フーリエ級数が収束する条件を与え, フーリエ級数の収束を証明する. さらに複素形式のフーリエ級数を定義する. 第 2 章ではヒルベルト空間とバナッハ空間の定義を与え, その性質を調べる. またフーリエ級数の一様収束を証明し, パーセバルの等式を示す. フーリエ級数が L^2 空間における完全正規直交系になることを証明する. 第 3 章では, フーリエ級数を応用して有限区間における偏微分方程式を解く. 特に, フーリエ級数を用いて熱方程式, 弦の振動方程式, ラプラス方程式の解を構成する. 第 4 章ではフーリエ変換とフーリエ逆変換を定義し, フーリエの反転公式を証明する. また, 正弦変換, 余弦変換を定義する. 第 5 章では, 導関数および合成積のフーリエ変換の公式を与え, パーセバルの等式を証明する. また急減少関数のフーリエ変換について解説する. 第 6 章では無限区間における偏微分方程式にフーリエ変換を応用して, 熱方程式, 波動方程式, ラプラス方程式の解を構成する. 第 7 章では多次元のフーリエ変換を定義して, ソボレフ空間を使って楕円型偏微分方程式を解く.

本書は,「月刊 理系への数学 (現代数学社) 」の 2009 年 5 月号から 2010 年 6 月号まで連載された「フーリエ解析への誘い」を加筆, 修正したものである. 連載時にお世話になった富田栄さんと単行本化を進めてくださった富田淳さんに感謝いたします.

2022 年 10 月 梶木屋 龍治

目次

第1章

フーリエ級数

1.1 フーリエ級数の定義と計算

関数 $f(x)$ が与えられたときに, この関数のフーリエ級数とは $f(x)$ を 1, $\sin nx$, $\cos nx$, $(n = 1, 2, 3, \ldots,)$ の 1 次結合の形で表わしたものである. すなわち, ある数列 $\{A_n\}_{n=0}^{\infty}$, $\{B_n\}_{n=1}^{\infty}$ を用いて

$$f(x) = A_0 + \sum_{n=1}^{\infty}(A_n \cos nx + B_n \sin nx), \tag{1.1}$$

が $f(x)$ のフーリエ級数である. ここで問題がいくつか現れる. この級数を使うと, どのようなメリットがあるか. どのような関数 $f(x)$ 対して, このような表示が可能か. 右辺の級数は収束するか. このようなことに答えるのがフーリエ級数の理論である.

この節では, フーリエ級数をきちんと定義して, 具体的な関数のフーリエ級数を計算する. 関数 $f(x)$ が与えられたとき, そのフーリエ級数 (1.1) を求めるには, $\{A_n\}_{n=0}^{\infty}$, $\{B_n\}_{n=1}^{\infty}$ を求めればいいのである. 式 (1.1) が正しいとして, $\{A_n\}_{n=0}^{\infty}$, $\{B_n\}_{n=1}^{\infty}$ と $f(x)$ の間にどのような関係があるかを考える. その前にまず, 次の公式を思い出すことにする.

$$\sin\alpha\cos\beta = \frac{1}{2}\left\{\sin(\alpha+\beta) + \sin(\alpha-\beta)\right\}, \tag{1.2}$$

$$\sin\alpha\sin\beta = \frac{1}{2}\left\{\cos(\alpha-\beta)-\cos(\alpha+\beta)\right\}, \tag{1.3}$$

$$\cos\alpha\cos\beta = \frac{1}{2}\left\{\cos(\alpha+\beta)+\cos(\alpha-\beta)\right\}. \tag{1.4}$$

上の公式は, 加法定理を使って右辺を展開すると得られる. これらを使って, 次の式を示そう. m, n を任意の自然数とするとき,

$$\int_{-\pi}^{\pi} \sin nx \cos mx \, dx = 0, \tag{1.5}$$

$$\int_{-\pi}^{\pi} \cos nx \cos mx \, dx = \begin{cases} 0 & (n \neq m \text{ のとき}), \\ \pi & (n = m \text{ のとき}), \end{cases} \tag{1.6}$$

$$\int_{-\pi}^{\pi} \sin nx \sin mx \, dx = \begin{cases} 0 & (n \neq m \text{ のとき}), \\ \pi & (n = m \text{ のとき}), \end{cases} \tag{1.7}$$

が成り立つ. まず, (1.6) を示そう. $n \neq m$ のとき, (1.4) を使うと,

$$\begin{aligned}
&\int_{-\pi}^{\pi} \cos nx \cos mx \, dx \\
&\quad = \frac{1}{2}\int_{-\pi}^{\pi} (\cos(n+m)x + \cos(n-m)x)\, dx \\
&\quad = \frac{1}{2}\left[\frac{1}{n+m}\sin(n+m)x + \frac{1}{n-m}\sin(n-m)x\right]_{-\pi}^{\pi} \\
&\quad = 0.
\end{aligned}$$

次に $n = m$ のとき, 2倍角の公式を使うと,

$$\begin{aligned}
\int_{-\pi}^{\pi} \cos^2 mx \, dx &= \frac{1}{2}\int_{-\pi}^{\pi} (1+\cos 2mx)\, dx \\
&= \frac{1}{2}\left[x + \frac{1}{2m}\sin 2mx\right]_{-\pi}^{\pi} = \pi,
\end{aligned}$$

となり, (1.6) が得られる. 同じように, (1.3) を使って (1.7) が出る. また, (1.2) から (1.5) が得られる.

(1.5), (1.6), (1.7) を使って $f(x)$ と数列 $\{A_n\}_{n=0}^{\infty}$, $\{B_n\}_{n=1}^{\infty}$ の関係を求めよう. (1.1) の両辺を x について, $x=-\pi$ から $x=\pi$ まで積分する. このとき,

$$\begin{aligned}\int_{-\pi}^{\pi} f(x)dx &= \int_{-\pi}^{\pi}\left(A_0+\sum_{n=1}^{\infty}(A_n\cos nx+B_n\sin nx)\right)dx \\ &= 2\pi A_0+\sum_{n=1}^{\infty}A_n\int_{-\pi}^{\pi}\cos nx\,dx+\sum_{n=1}^{\infty}B_n\int_{-\pi}^{\pi}\sin nx\,dx, \\ &= 2\pi A_0, \end{aligned} \tag{1.8}$$

となる. 上の計算の中で,

$$\int_{-\pi}^{\pi}\sum_{n=1}^{\infty}A_n\cos nx\,dx=\sum_{n=1}^{\infty}A_n\int_{-\pi}^{\pi}\cos nx\,dx$$

を使っている. これは項別積分と呼ばれる. 加える項の個数が有限個ならば正しい式であるが, 無限個のときは注意が必要である. ここでは証明を抜きにして, すべて正しいものとして先に進む. $B_n\sin nx$ の級数でも項別積分を使っている. (1.8) より,

$$A_0=\frac{1}{2\pi}\int_{-\pi}^{\pi}f(x)dx, \tag{1.9}$$

が出る. 次に m を自然数として, (1.1) に $\cos mx$ をかけて, 両辺を $(-\pi,\pi)$ 上で積分すると次の式が得られる.

$$\begin{aligned}\int_{-\pi}^{\pi}f(x)\cos mx\,dx &= \int_{-\pi}^{\pi}A_0\cos mx\,dx \\ &\quad+\sum_{n=1}^{\infty}A_n\int_{-\pi}^{\pi}\cos nx\cos mx\,dx \\ &\quad+\sum_{n=1}^{\infty}B_n\int_{-\pi}^{\pi}\sin nx\cos mx\,dx \\ &= \pi A_m. \end{aligned} \tag{1.10}$$

上の計算で, (1.5), (1.6) を使っている. (1.10) より,

$$A_m = \frac{1}{\pi}\int_{-\pi}^{\pi} f(x)\cos mx\,dx. \tag{1.11}$$

次に B_m を求める. (1.1) に $\sin mx$ をかけて $(-\pi, \pi)$ 上で積分すると,

$$\begin{aligned}\int_{-\pi}^{\pi} f(x)\sin mx\,dx &= \int_{-\pi}^{\pi} A_0 \sin mx\,dx \\ &\quad + \sum_{n=1}^{\infty} A_n \int_{-\pi}^{\pi} \cos nx \sin mx\,dx \\ &\quad + \sum_{n=1}^{\infty} B_n \int_{-\pi}^{\pi} \sin nx \sin mx\,dx \\ &= \pi B_m,\end{aligned}$$

となる. よって,

$$B_m = \frac{1}{\pi}\int_{-\pi}^{\pi} f(x)\sin mx\,dx. \tag{1.12}$$

こうして, $f(x)$, A_m, B_m の関係が分かった. (1.9) と (1.11) を比べる. (1.11) に $m = 0$ を代入すると, (1.9) と少し違う. そこで以下のように $\{a_n\}$, $\{b_n\}$ を定義する.

定義 1.1. 区間 $(-\pi, \pi)$ で積分可能な関数 $f(x)$ に対して, 次のように $\{a_n\}_{n=0}^{\infty}$, $\{b_n\}_{n=1}^{\infty}$ を定義する.

$$a_0 = \frac{1}{\pi}\int_{-\pi}^{\pi} f(x)dx, \tag{1.13}$$

$$a_n = \frac{1}{\pi}\int_{-\pi}^{\pi} f(x)\cos nx\,dx, \tag{1.14}$$

$$b_n = \frac{1}{\pi}\int_{-\pi}^{\pi} f(x)\sin nx\,dx. \tag{1.15}$$

こうすれば, (1.14) に $n = 0$ を代入したものが a_0 の式 (1.13) になる. その代り, A_0 は $a_0/2$ になる. 上で定義した $\{a_n\}_{n=0}^{\infty}$, $\{b_n\}_{n=1}^{\infty}$ を $f(x)$ の**フー**

リエ係数という．このとき，$f(x)$ の**フーリエ級数**を

$$f(x) \sim \frac{a_0}{2} + \sum_{n=1}^{\infty} (a_n \cos nx + b_n \sin nx) \tag{1.16}$$

と表す．ここで「$\sim$」は等号の意味ではなく，右辺の級数が $f(x)$ のフーリエ級数であることを表している．すなわち，(1.16) のように表示されているとき，a_0, a_n, b_n は，(1.13)–(1.15) によって $f(x)$ から定義されたフーリエ係数であり，それを使ったフーリエ級数が $\sim$ の右に現れる級数である．

ここでは，フーリエ級数が本当に収束するのか，また，それが $f(x)$ に等しいのかについては考えない．それはもう少し後で考える．a_n は $n=0$ から始まるのに対して，b_n は $n=1$ から始まる．仮に b_0 を考えてみたところで，(1.15) の式で $n=0$ としても $b_0=0$ となり，必要のないものになっているからである．

応用上重要なものは，$f(x)$ が周期 2π の周期関数になる場合である．ここで $f(x)$ が周期 2π であるとは，すべての実数 x に対して $f(x+2\pi)=f(x)$ が成り立つことをいう．一方，フーリエ係数の定義 (1.13)–(1.15) を見ると，$f(x)$ の $-\pi<x<\pi$ での値しか使っていないので，区間 $(-\pi,\pi)$ で定義された関数 $f(x)$ を実軸全体に周期 2π の関数として拡張してもかまわない．従って，以下では，$f(x)$ は常に実軸全体で定義された周期 2π の周期関数とする．次に，具体的な関数のフーリエ級数を計算してみよう．

例題 1.1. $f(x) = \begin{cases} 0 & (-\pi < x < 0), \\ 1 & (0 < x < \pi), \end{cases}$ のフーリエ級数を求めよ．

定義通りに計算すると，

$$a_0 = \frac{1}{\pi}\int_{-\pi}^{\pi} f(x)dx = \frac{1}{\pi}\int_0^{\pi} 1dx = 1,$$

$$a_n = \frac{1}{\pi}\int_{-\pi}^{\pi} f(x)\cos nx\,dx = \frac{1}{\pi}\int_0^{\pi} \cos nx\,dx = \frac{1}{\pi}\left[\frac{1}{n}\sin nx\right]_0^{\pi} = 0,$$

$$
\begin{aligned}
b_n &= \frac{1}{\pi}\int_{-\pi}^{\pi} f(x)\sin nx\,dx = \frac{1}{\pi}\int_0^{\pi}\sin nx\,dx \\
&= \frac{1}{\pi}\left[-\frac{1}{n}\cos nx\right]_0^{\pi} = \frac{1}{n\pi}(1-\cos n\pi).
\end{aligned}
$$

ここで,

$$
\cos n\pi = (-1)^n = \begin{cases} 1 & (n = \text{偶数 のとき}), \\ -1 & (n = \text{奇数 のとき}), \end{cases} \tag{1.17}
$$

となるので, $b_{2m} = 0$, $b_{2m-1} = 2/(2m-1)\pi$. よって, $f(x)$ のフーリエ級数は次のように計算される.

$$
\begin{aligned}
f(x) &\sim \frac{a_0}{2} + \sum_{n=1}^{\infty}(a_n\cos nx + b_n\sin nx) \\
&= \frac{1}{2} + \frac{2}{\pi}\sum_{m=1}^{\infty}\frac{1}{2m-1}\sin(2m-1)x.
\end{aligned}
$$

1.2　正弦級数と余弦級数

関数 $f(x)$ を考える. すべての実数 x に対して, $f(-x) = -f(x)$ が成り立つときに $f(x)$ を**奇関数**といい, すべての実数 x に対して, $f(-x) = f(x)$ が成り立つときに $f(x)$ を**偶関数**という. 例をあげよう. $f(x) = x$, $f(x) = 4x^5 + 2x^3 - x$, $f(x) = \sin nx$, $f(x) = \sin 2x + x^3$ などは, 奇関数である. $f(x) = 1$, $f(x) = \sqrt{2} - x^2 + 5x^4$, $f(x) = \cos nx$ などは, 偶関数である. $y = f(x)$ のグラフを考えよう. $f(x)$ が奇関数であるための必要十分条件は, $y = f(x)$ のグラフが原点に関して点対称な図形になることである. また, $f(x)$ が偶関数になるための必要十分条件は, グラフが y 軸対称になることである. 図 1.1 を参照せよ.

このようなグラフの形状から, 次のことがわかる. a を任意の正の数とする.

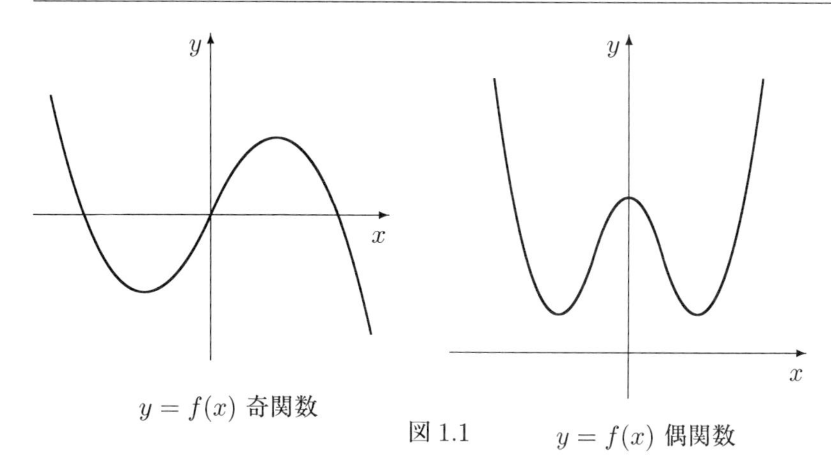

$y = f(x)$ 奇関数

図 1.1　$y = f(x)$ 偶関数

(i) $f(x)$ が奇関数のとき,

$$\int_{-a}^{a} f(x)dx = 0. \tag{1.18}$$

(ii) $f(x)$ が偶関数のとき,

$$\int_{-a}^{a} f(x)dx = 2\int_{0}^{a} f(x)dx. \tag{1.19}$$

また, 次の式に注意しよう.

$$\text{奇関数} \times \text{奇関数} = \text{偶関数}, \quad \text{偶関数} \times \text{偶関数} = \text{偶関数}$$

$$\text{奇関数} \times \text{偶関数} = \text{偶関数} \times \text{奇関数} = \text{奇関数}$$

$\sin x$ は奇関数であり, $\cos x$ は偶関数である. このことは, 今後頻繁に用いる. もし, $f(x)$ が偶関数ならば, $f(x)\sin nx$ は奇関数であり, $f(x)\cos nx$ は偶関数になる. このとき, (1.18), (1.19) により, (1.13)–(1.15) は, 次のようになる．

$$a_0 = \frac{1}{\pi}\int_{-\pi}^{\pi} f(x)dx = \frac{2}{\pi}\int_0^{\pi} f(x)dx, \tag{1.20}$$

$$a_n = \frac{1}{\pi}\int_{-\pi}^{\pi} f(x)\cos nx\,dx = \frac{2}{\pi}\int_0^{\pi} f(x)\cos nx\,dx, \tag{1.21}$$

$$b_n = \frac{1}{\pi}\int_{-\pi}^{\pi} f(x)\sin nx\,dx = 0. \tag{1.22}$$

従って，$f(x)$ のフーリエ級数は，

$$f(x) \sim \frac{a_0}{2} + \sum_{n=1}^{\infty} a_n \cos nx, \tag{1.23}$$

になる．これを $f(x)$ の**フーリエ余弦級数**という．右辺に定数とコサイン (余弦関数) だけしか現れないために，この名前が付けられている．

次に $f(x)$ が奇関数のときは，$f(x)\sin nx$ は偶関数であり，$f(x)\cos nx$ は奇関数になる．このとき (1.13)–(1.15) は次のように書き変わる．

$$a_0 = \frac{1}{\pi}\int_{-\pi}^{\pi} f(x)dx = 0, \tag{1.24}$$

$$a_n = \frac{1}{\pi}\int_{-\pi}^{\pi} f(x)\cos nx\,dx = 0, \tag{1.25}$$

$$b_n = \frac{1}{\pi}\int_{-\pi}^{\pi} f(x)\sin nx\,dx = \frac{2}{\pi}\int_0^{\pi} f(x)\sin nx\,dx. \tag{1.26}$$

このときの $f(x)$ のフーリエ級数は，

$$f(x) \sim \sum_{n=1}^{\infty} b_n \sin nx, \tag{1.27}$$

となる．これは**フーリエ正弦級数**と呼ばれる．

$f(x)$ が始めから $0 < x < \pi$ に対してのみ定義されている場合を考える．このとき，$f(x)$ を周期 2π の奇関数に拡張することができる．実際にまず，$x \in (-\pi, 0)$ のとき $f(x) = -f(-x)$ とおいて，$f(x)$ を区間 $(-\pi, \pi)$ の奇関

数に拡張する．この区間 $(-\pi,\pi)$ の幅は 2π であるから，$f(x)$ をこの区間の外に周期 2π の周期関数として拡張することができる．このとき $f(x)$ は実軸全体で定義された周期 2π の奇関数になる．このときの $f(x)$ のフーリエ級数が，フーリエ正弦級数になる．同じようにして，$f(x)$ が $(0,\pi)$ の区間上のみで定義されているとき，$f(x)$ を周期 2π の偶関数として実軸全体に拡張したときのフーリエ級数が，フーリエ余弦級数になる．

例題 1.2. $f(x)=1 \quad (0<x<\pi)$ のフーリエ正弦級数を求めよ．

この関数を周期 2π の奇関数に拡張すると，グラフは図 1.2 のようになる．よって，(1.24), (1.25) により，$a_0=0$, $a_n=0$, また，b_n は次のように計算

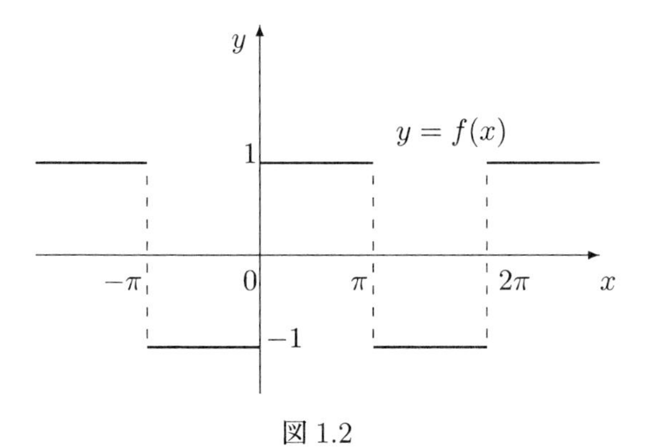

図 1.2

される．

$$b_n = \frac{2}{\pi}\int_0^{\pi} f(x)\sin nx\,dx = \frac{2}{\pi}\int_0^{\pi}\sin nx\,dx$$
$$= \frac{2}{\pi}\left[-\frac{1}{n}\cos nx\right]_0^{\pi} = \frac{2}{n\pi}(1-\cos n\pi).$$

(1.17) を使うと，$b_{2m}=0$, $b_{2m-1}=4/(2m-1)\pi$ となる．よって $f(x)$ の

フーリエ正弦級数は, 次のようになる.

$$f(x) \sim \frac{4}{\pi} \sum_{m=1}^{\infty} \frac{1}{2m-1} \sin(2m-1)x.$$

例題 1.3. $f(x) = x \quad (0 < x < \pi)$ のフーリエ余弦級数を求めよ.

この関数を $(-\pi, \pi)$ の上の偶関数に拡張すると, $f(x) = |x| \quad (-\pi < x < \pi)$ となる. これを周期 2π の周期関数として実軸全体に拡張すると, グラフは図 1.3 のようになる.

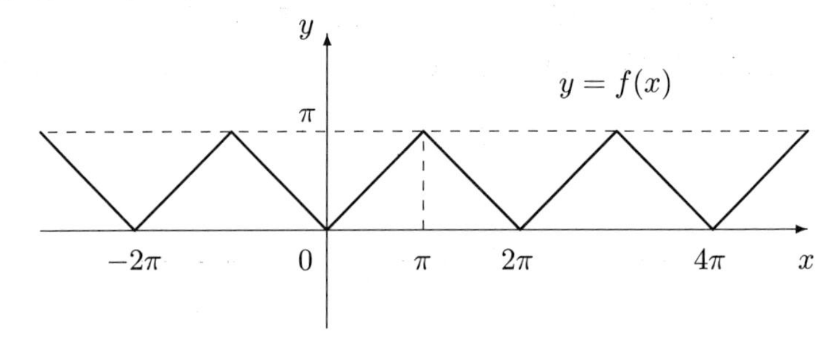

図 1.3

このとき, $f(x)$ は偶関数なので, $b_n = 0$ となり, (1.20), (1.21) より,

$$a_0 = \frac{2}{\pi} \int_0^{\pi} f(x)dx = \frac{2}{\pi} \int_0^{\pi} x\,dx = \pi,$$

$$\begin{aligned}
a_n &= \frac{2}{\pi}\int_0^{\pi} f(x)\cos nx\,dx = \frac{2}{\pi}\int_0^{\pi} x\cos nx\,dx \\
&= \frac{2}{\pi}\int_0^{\pi} x\left(\frac{1}{n}\sin nx\right)' dx \\
&= \frac{2}{\pi}\left\{\left[x\frac{1}{n}\sin nx\right]_0^{\pi} - \int_0^{\pi}\frac{1}{n}\sin nx\,dx\right\} \\
&= -\frac{2}{n\pi}\int_0^{\pi}\sin nx\,dx = \frac{2}{n\pi}\left[\frac{1}{n}\cos nx\right]_0^{\pi} \\
&= \frac{2}{n^2\pi}(\cos n\pi - 1),
\end{aligned}$$

となる. n が偶数のときと奇数のときに分けると,

$$a_{2m} = 0, \quad a_{2m-1} = -\frac{4}{(2m-1)^2\pi}.$$

よって, $f(x)$ のフーリエ余弦級数は次のようになる.

$$f(x) \sim \frac{\pi}{2} - \frac{4}{\pi}\sum_{m=1}^{\infty}\frac{1}{(2m-1)^2}\cos(2m-1)x. \tag{1.28}$$

1.3 フーリエ級数の収束

この節では, フーリエ級数の収束を証明する. 周期 2π の周期関数 $f(x)$ が与えられたとき, そのフーリエ級数を考える. どのような場合にフーリエ級数が収束して, $f(x)$ と等しくなるかを調べよう. まず次の定義から始める.

定義 1.2. (i) 関数 $f(x)$ がある点 c の十分近くで定義されているとき, $f(x)$ の $x = c$ における**右極限**とは,

$$f(c+0) = \lim_{\substack{x\to c\\ x>c}} f(x) = \lim_{x\to c+0} f(x),$$

のことをいう. すなわち x が c の右のほう (c より大きい x) から c に近づくとき, $f(x)$ がある一定の値に近づくならば, それを $f(c+0)$ と書いて, $f(x)$ の c における右極限という. $f(c+0)$ は記号としてこの

ように書いているのであって，$c+0=c$ なので $f(c)$ と書いていいということではない．「$f(c+0)$」がひとつの記号であり，$f(x)$ の c における右極限を表す．同じようにして**左極限**を次のように定義する．

$$f(c-0)=\lim_{\substack{x\to c\\x<c}} f(x)=\lim_{x\to c-0} f(x).$$

(ii) $f(x)$ を区間 $\mathrm{I}=[a,b]$ で定義された関数とする．このとき I の高々有限個の点を除いて $f(x)$ が連続であり，各不連続点 c において $f(x)$ の右極限と左極限が存在するとき，$f(x)$ は区間 I で**区分的に連続**であるという．$f(x)$ が実軸全体 $\mathbb{R}$ で定義されているとき，任意の有限区間において $f(x)$ が区分的に連続ならば，$f(x)$ は $\mathbb{R}$ 全体で区分的に連続であるという．

(iii) $f(x)$ が区間 I で**区分的に滑らか**であるとは，$f'(x)$ が高々有限個の点を除いて存在し，$f'(x)$ が区分的に連続になることをいう．

補題 1.1. 関数 $f(x)$ が $(-\infty,\infty)$ で定義されていて，区分的に滑らかならば，区分的に連続である．

証明. $f(x)$ が区分的に滑らかであると仮定する．任意の有限区間 $[A,B]$ をとる．この区間の中にある $f'(x)$ の不連続点の集合を $c_1<c_2\ldots<c_n$ とする．区間 (c_{i-1},c_i) を任意にとり，これを (a,b) と表す．仮定より，$f'(x)$ は (a,b) で連続なので $f(x)$ はこの区間で連続になる．さらに，$\lim_{x\to a+0} f'(x)$ と $\lim_{x\to b-0} f'(x)$ が存在するので，$f'(x)$ は (a,b) で有界になる．すなわち，ある $M>0$ が存在して，$x\in(a,b)$ のとき $|f'(x)|\leqq M$ となる．従って，

$$|f(y)-f(x)|=\left|\int_x^y f'(t)dt\right|\leqq M|y-x|\to 0 \quad (x,y\to a+0)$$

よって，$\lim_{x\to a+0} f(x)$ が存在する．同様にして，$\lim_{x\to b-0} f(x)$ も存在する．以上により，$f(x)$ は区分的に連続である． □

フーリエ級数の収束を次の定理で述べる．

定理 1.1. $f(x)$ は実軸で定義された周期 2π の周期関数であり, 区分的に滑らかであると仮定する. このとき, すべての x に対して

$$\frac{1}{2}(f(x+0)+f(x-0)) = \frac{a_0}{2} + \sum_{n=1}^{\infty}(a_n \cos nx + b_n \sin nx) \tag{1.29}$$

が成り立つ. 特に x が $f(x)$ の連続点ならば, $f(x)$ とそのフーリエ級数は一致する.

注意 1.1. f が定理 1.1 の仮定を満たし, さらに連続ならばフーリエ級数は一様収束することが後の定理 2.8 で示される.

(1.29) の式は, フーリエ級数の値は x での $f(x)$ の右極限 $f(x+0)$ と左極限 $f(x-0)$ の平均値（算術平均）に等しいことを言っている. 定理を示すために補題を 2 つ用意する.

補題 1.2 (リーマン・ルベーグの補題). $f(x)$ が区間 $[a,b]$ で区分的に連続とする. このとき,

$$\int_a^b f(x)\sin tx dx \to 0 \quad (t \to \infty), \tag{1.30}$$

$$\int_a^b f(x)\cos tx dx \to 0 \quad (t \to \infty). \tag{1.31}$$

この補題の証明は, 補題 4.1 で与える. この補題は, $f(x)$ がルベーグ積分可能ならば成り立つ.

補題 1.3. 任意の自然数 N に対して,

$$D_N(x) = \frac{1}{2} + \cos x + \cos 2x + \cdots + \cos Nx,$$

とおくとき, 次が成り立つ.

(i) $D_N(x) = \dfrac{\sin(N+1/2)x}{2\sin(x/2)}$.

(ii) $\int_0^{\pi} D_N(x)dx = \pi/2$.

(iii) $D_N(x)$ は周期 2π の偶関数である．

証明. 次の公式を使う．

$$\sin(\alpha+\beta) - \sin(\alpha-\beta) = 2\cos\alpha\sin\beta. \tag{1.32}$$

(i) を示す．すなわち，次の等式を N に関する数学的帰納法により示す．

$$\frac{1}{2} + \cos x + \cos 2x + \cdots + \cos Nx = \frac{\sin(N+1/2)x}{2\sin(x/2)}. \tag{1.33}$$

(1.32) に $\alpha = x$, $\beta = x/2$ を代入すると，

$$\sin(3/2)x = \sin(x/2) + 2\cos x\sin(x/2).$$

この両辺を $2\sin(x/2)$ で割ると，

$$\frac{\sin(3/2)x}{2\sin(x/2)} = \frac{1}{2} + \cos x.$$

これは，(1.33) が $N=1$ のとき成り立つことを示している．(1.32) に $\alpha = (N+1)x$, $\beta = x/2$ を代入すると，

$$\sin(N+3/2)x - \sin(N+1/2)x = 2\cos(N+1)x\sin(x/2).$$

両辺を $2\sin(x/2)$ で割ると，

$$\cos(N+1)x = \frac{\sin(N+3/2)x}{2\sin(x/2)} - \frac{\sin(N+1/2)x}{2\sin(x/2)}. \tag{1.34}$$

(1.33) が N まで成り立つと仮定する．(1.33) の両辺に (1.34) を加えると，

$$\frac{1}{2} + \cos x + \cos 2x + \cdots + \cos(N+1)x = \frac{\sin(N+3/2)x}{2\sin(x/2)},$$

が得られる．これは，(1.33) が $N+1$ のときも成り立つことを意味する．数学的帰納法により (1.33) はすべての N に対して成り立つ．

(ii) を示す. $D_N(x)$ を積分すると,

$$\int_0^\pi D_N(x)dx = \int_0^\pi \left(\frac{1}{2} + \cos x + \cdots + \cos Nx\right) dx$$
$$= \left[\frac{x}{2} + \sin x + \cdots + \frac{1}{N}\sin Nx\right]_0^\pi = \frac{\pi}{2},$$

となり, (ii) が成り立つ. (iii) は明らか. □

補題 1.3 の $D_N(x)$ は**ディリクレ核**と呼ばれている. 補題 1.2, 1.3 を使って定理 1.1 を証明する.

定理 1.1 の証明. 自然数 N に対して, フーリエ級数の部分和を

$$S_N(x) = \frac{a_0}{2} + \sum_{n=0}^{N}(a_n \cos nx + b_n \sin nx)$$

とおく. 次の式を証明すればよい.

$$\lim_{N\to\infty} S_N(x) = \frac{1}{2}(f(x+0) + f(x-0)).$$

a_n, b_n の定義式 (1.14), (1.15) を使うと,

$$\begin{aligned}
&a_n \cos nx + b_n \sin nx \\
&= \frac{1}{\pi}\int_{-\pi}^{\pi} f(t)\cos nt\,dt \cos nx + \frac{1}{\pi}\int_{-\pi}^{\pi} f(t)\sin nt\,dt \sin nx \\
&= \frac{1}{\pi}\int_{-\pi}^{\pi} f(t)(\cos nt \cos nx + \sin nt \sin nx)\,dt \\
&= \frac{1}{\pi}\int_{-\pi}^{\pi} f(t)\cos n(t-x)\,dt. \qquad (1.35)
\end{aligned}$$

a_0 の定義 (1.13) より

$$\frac{a_0}{2} = \frac{1}{\pi}\int_{-\pi}^{\pi} \frac{1}{2} f(t)\,dt \qquad (1.36)$$

となる. (1.35) を n について $n=1$ から $n=N$ まで加えて, さらに (1.36) を加えると,

$$\begin{aligned}&\frac{a_0}{2}+\sum_{n=1}^{N}(a_n\cos nx+b_n\sin nx)\\&\quad=\frac{1}{\pi}\int_{-\pi}^{\pi}f(t)\left(\frac{1}{2}+\sum_{n=1}^{N}\cos n(t-x)\right)dt.\end{aligned}$$

左辺は $S_N(x)$ である. さらに補題 1.3 を使って右辺を書き換えると

$$S_N(x)=\frac{1}{\pi}\int_{-\pi}^{\pi}f(t)D_N(t-x)dt.$$

$s=t-x$ とおくと

$$S_N(x)=\frac{1}{\pi}\int_{-\pi-x}^{\pi-x}f(s+x)D_N(s)ds.$$

$f(x)$, $D_N(s)$ は周期 2π の周期関数なので, 上式の積分区間を $[-\pi,\pi]$ に代えても積分値は変わらない. さらに, それを $[-\pi,0]$, $[0,\pi]$ に分ける. このとき

$$S_N(x)=\frac{1}{\pi}\int_{-\pi}^{0}f(s+x)D_N(s)ds+\frac{1}{\pi}\int_{0}^{\pi}f(s+x)D_N(s)ds. \tag{1.37}$$

上式の $[-\pi,0]$ の積分において, $s=-u$ とおくと, $D_N(s)$ は偶関数なので,

$$\int_{-\pi}^{0}f(s+x)D_N(s)ds=\int_{0}^{\pi}f(x-u)D_N(u)du.$$

これを使うと (1.37) は次のようになる.

$$\begin{aligned}S_N(x)&=\frac{1}{\pi}\int_{0}^{\pi}f(x-u)D_N(u)du+\frac{1}{\pi}\int_{0}^{\pi}f(s+x)D_N(s)ds\\&=\frac{1}{\pi}\int_{0}^{\pi}\left(f(x+s)+f(x-s)\right)D_N(s)ds.\end{aligned}$$

上式の両辺から $(f(x+0)+f(x-0))/2$ を引き, 補題 1.3 (ii) を使うと

$$\begin{aligned} S_N(x) &- \frac{1}{2}(f(x+0)+f(x-0)) \\ &= \frac{1}{\pi}\int_0^{\pi}(f(x+s)-f(x+0))D_N(s)ds \\ &\quad + \frac{1}{\pi}\int_0^{\pi}(f(x-s)-f(x-0))D_N(s)ds \end{aligned} \tag{1.38}$$

補題 1.3 (i) を使うと, 右辺第 1 項の被積分関数は,

$$\begin{aligned} (f(x+s) &- f(x+0))D_N(s) \\ &= (f(x+s)-f(x+0))\,\frac{\sin(N+1/2)s}{2\sin s/2} \end{aligned} \tag{1.39}$$

となる. そこで

$$F(s) = \frac{f(x+s)-f(x+0)}{2\sin s/2} = \frac{f(x+s)-f(x+0)}{s}\,\frac{s}{2\sin s/2}$$

とおく. $s \to +0$ のとき, (すなわち $s > 0$ のままで s を 0 に近づけるとき) f は区分的に滑らかなので

$$\lim_{s\to+0}\frac{f(x+s)-f(x+0)}{s} = f'(x+0).$$

また, よく知られているように

$$\lim_{s\to 0}\frac{s}{2\sin s/2} = 1,$$

となるので $F(s)$ は $s \to +0$ のとき極限値を持つ. よって, $F(s)$ は $[0,\pi]$ で区分的に連続である. 従って, リーマン・ルベーグの補題により

$$\begin{aligned} &\int_0^{\pi}(f(x+s)-f(x+0))D_N(s)ds \\ &\quad = \int_0^{\pi}F(s)\sin(N+1/2)s\,ds \to 0 \quad (N\to\infty). \end{aligned} \tag{1.40}$$

(1.38) の右辺第2項も同様にして,

$$\int_0^\pi (f(x-s)-f(x-0))D_N(s)ds \to 0 \quad (N\to\infty), \tag{1.41}$$

(1.38), (1.40), (1.41) を使うと,

$$S_N(x)-\frac{1}{2}(f(x+0)+f(x-0)) \to 0 \quad (N\to\infty),$$

となり定理は証明された. □

1.4 フーリエ級数の応用

定理1を応用して, いくつかの級数の値を求めてみよう.

例題 1.4. $f(x)=x^2\ (-\pi \leqq x \leqq \pi)$ のフーリエ級数を求め, また次の式を示せ.

$$\sum_{n=1}^{\infty}\frac{1}{n^2}=\frac{\pi^2}{6}, \quad \sum_{n=1}^{\infty}\frac{(-1)^{n+1}}{n^2}=\frac{\pi^2}{12}. \tag{1.42}$$

$f(x)$ を周期 2π の関数として, 実軸全体に拡張する. $f(x)$ は偶関数なので, $b_n=0$ になる. a_0 を求めると,

$$a_0=\frac{1}{\pi}\int_{-\pi}^{\pi}x^2dx=\frac{2}{\pi}\int_0^\pi x^2dx=\frac{2}{3}\pi^2.$$

部分積分を2回行うと,

$$\begin{aligned}
a_n&=\frac{1}{\pi}\int_{-\pi}^{\pi}x^2\cos nxdx=\frac{2}{\pi}\int_0^\pi x^2\left(\frac{1}{n}\sin nx\right)'dx\\
&=\frac{2}{\pi}\left\{\left[x^2\frac{1}{n}\sin nx\right]_0^\pi-\frac{2}{n}\int_0^\pi x\sin nxdx\right\}\\
&=-\frac{4}{n\pi}\int_0^\pi x\sin nxdx=\frac{4}{n\pi}\int_0^\pi x\left(\frac{1}{n}\cos nx\right)'dx\\
&=\frac{4}{n\pi}\left\{\left[x\frac{1}{n}\cos nx\right]_0^\pi-\frac{1}{n}\int_0^\pi\cos nxdx\right\}=\frac{4}{n^2}\cos n\pi=\frac{4}{n^2}(-1)^n.
\end{aligned}$$

$f(x)$ は区分的に滑らか, 連続で周期 2π なので, $f(x)$ とそのフーリエ級数は一致する.

$$f(x) = \frac{a_0}{2} + \sum_{=1}^{\infty} a_n \cos nx = \frac{\pi^2}{3} + 4\sum_{=1}^{\infty} \frac{(-1)^n}{n^2} \cos nx \tag{1.43}$$

$x = \pi$ を代入すると,

$$\pi^2 = \frac{\pi^2}{3} + 4\sum_{=1}^{\infty} \frac{(-1)^n}{n^2} \cos n\pi$$

$\cos n\pi = (-1)^n$ なので, 上式を整理すると (1.42) の第 1 式となる. (1.43) に $x = 0$ を代入すると,

$$0 = \frac{\pi^2}{3} + 4\sum_{=1}^{\infty} \frac{(-1)^n}{n^2}$$

これを整理すると (1.42) の第 2 式が得られる.

例題 1.5. $f(x) = |x|$ $(-\pi \leqq x \leqq \pi)$ のフーリエ級数を使って次の式を示せ.

$$I \equiv 1 + \frac{1}{2^2} + \frac{1}{3^2} + \frac{1}{4^2} + \cdots = \frac{\pi^2}{6}, \tag{1.44}$$

$$J \equiv 1 + \frac{1}{3^2} + \frac{1}{5^2} + \frac{1}{7^2} + \cdots = \frac{\pi^2}{8}, \tag{1.45}$$

$$K \equiv \frac{1}{2^2} + \frac{1}{4^2} + \frac{1}{6^2} + \cdots = \frac{\pi^2}{24}, \tag{1.46}$$

$f(x) = |x|$ $(-\pi \leqq x \leqq \pi)$ を周期 2π の周期関数に拡張する. このときこれは周期 2π の偶関数になる. 従って, この関数のフーリエ級数はフーリエ余弦級数となり, 例題 1.3 において求めている. $f(x)$ は区分的に滑らかで連続なので $f(x)$ とそのフーリエ級数は一致する. すなわち, (1.28) の $\sim$ は等号になる.

$$f(x) = \frac{\pi}{2} - \frac{4}{\pi} \sum_{m=1}^{\infty} \frac{1}{(2m-1)^2} \cos(2m-1)x.$$

両辺に $x=0$ を代入すると

$$0=\frac{\pi}{2}-\frac{4}{\pi}\sum_{m=1}^{\infty}\frac{1}{(2m-1)^2}.$$

これを整理して,

$$\sum_{m=1}^{\infty}\frac{1}{(2m-1)^2}=\frac{\pi^2}{8}. \tag{1.47}$$

すなわち (1.45) が成り立つ. 次に, I, J, K を観察すると,

$$K=\sum_{n=1}^{\infty}\frac{1}{(2n)^2}=\frac{1}{4}\sum_{n=1}^{\infty}\frac{1}{n^2}=I/4$$

となる. 従って,

$$I=J+K, \quad K=I/4,$$

となり, これらの式から, K を消去すると $I=(4/3)J$ が得られる. (1.47) より $J=\pi^2/8$ なので, $I=\pi^2/6$, $K=\pi^2/24$ となり, (1.44), (1.46) が得られる.

例題 1.6. $f(x)=\begin{cases} -1 & (-\pi<x<0), \\ 1 & (0<x<\pi), \end{cases}$ のフーリエ級数を使って, 次を示せ.

$$1-\frac{1}{3}+\frac{1}{5}-\frac{1}{7}+\frac{1}{9}-\frac{1}{11}+\cdots=\frac{\pi}{4}. \tag{1.48}$$

$f(x)$ を周期 2π の周期関数に拡張する. このとき $f(x)$ は奇関数であり, $f(x)$ のフーリエ級数はフーリエ正弦級数となる. これは, 例題 1.2 ですでに計算している. $f(x)$ は区分的に滑らかなので,

$$\frac{1}{2}(f(x+0)+f(x-0))=\frac{4}{\pi}\left(\sin x+\frac{1}{3}\sin 3x+\frac{1}{5}\sin 5x+\cdots\right),$$

となる. $x=\pi/2$ を代入すると, これは $f(x)$ の連続点なので,

$$\begin{aligned} 1&=\frac{4}{\pi}\left(\sin\pi/2+\frac{1}{3}\sin 3\pi/2+\frac{1}{5}\sin 5\pi/2+\cdots\right) \\ &=\frac{4}{\pi}\left(1-\frac{1}{3}+\frac{1}{5}-\cdots\right). \end{aligned}$$

両辺に $\dfrac{\pi}{4}$ をかけると, (1.48) が得られる.

1.5　複素形式のフーリエ級数

まず次の関係式から見ていく.

$$e^{ix} = \cos x + i \sin x. \tag{1.49}$$

ただし, $i = \sqrt{-1}$ は虚数単位である. この式は**オイラーの公式**と呼ばれている. e は自然対数の底 (ネピアの数) の $e = 2.71828\cdots$ である. 指数関数と三角関数が複素数を介して関連付けられるという公式である. この公式を使って e^{ix} を定義するという方法もある. また, 三角関数, 指数関数のマクローリン展開を用いて (1.49) を示す方法もある. これについて述べる. いろいろな関数 $f(x)$ が次のように展開できる.

$$f(x) = \sum_{n=0}^{\infty} \frac{f^{(n)}(0)}{n!} x^n = f(0) + f'(0)x + \frac{f''(0)}{2!}x^2 + \cdots ,$$

これを $f(x)$ のマクローリン展開という. (マクローリン展開できるための条件などは省略する.) $\sin x$, $\cos x$, e^x のマクローリン展開は次のとおりである.

$$\cos x = 1 - \frac{1}{2!}x^2 + \frac{1}{4!}x^4 - \frac{1}{6!}x^6 + \cdots ,$$

$$\sin x = x - \frac{1}{3!}x^3 + \frac{1}{5!}x^5 - \frac{1}{7!}x^7 + \cdots ,$$

$$e^x = 1 + x + \frac{1}{2!}x^2 + \frac{1}{3!}x^3 + \frac{1}{4!}x^4 + \cdots . \tag{1.50}$$

これらの等式は，すべての実数 x に対して成り立つ．(実際にはすべての複素数 x に対しても成り立つ.) ここで (1.50) の x に ix を代入する．このとき，

$$\begin{aligned} e^{ix} &= 1 + ix + \frac{i^2}{2!}x^2 + \frac{i^3}{3!}x^3 + \frac{i^4}{4!}x^4 + \cdots \\ &= 1 + ix - \frac{1}{2!}x^2 - \frac{i}{3!}x^3 + \frac{1}{4!}x^4 + \cdots \\ &= \left(1 - \frac{1}{2!}x^2 + \frac{1}{4!}x^4 - \frac{1}{6!}x^6 + \cdots\right) \\ &\quad + i\left(x - \frac{1}{3!}x^3 + \frac{1}{5!}x^5 - \frac{1}{7!}x^7 + \cdots\right) \\ &= \cos x + i \sin x, \end{aligned}$$

となりオイラーの公式が得られる．

$f(x)$ を $\sin nx$, $\cos nx$ を使って表示したものが $f(x)$ のフーリエ級数であるから，$f(x)$ は e^{inx} を使っても表せるはずである．これが $f(x)$ の複素形フーリエ級数である．

定義 1.3. $f(x)$ を $-\infty < x < \infty$ で定義された周期 2π の複素数値関数とする．

$$c_n = \frac{1}{2\pi}\int_{-\pi}^{\pi} f(x)e^{-inx}dx \quad (n = 0, \pm 1, \pm 2, \cdots), \tag{1.51}$$

とおく．これを $f(x)$ の**複素形フーリエ係数**という．このとき

$$f(x) \sim \sum_{n=-\infty}^{\infty} c_n e^{inx} \tag{1.52}$$

と表す．右辺の級数を $f(x)$ の**複素形フーリエ級数**という．

注意 1.2. (1.51) の積分の中に入っているものは，e^{-inx} であり，$f(x)$ のフーリエ級数 (1.52) の中にあるものは，e^{inx} である．inx の符号が異なっていることに注意しよう．

通常は，複素数値関数に対しては，複素形式のフーリエ級数が使われる．しかしながら，実数値関数に対しては，実形式のフーリエ級数と複素形式の

フーリエ級数の両方を考えることができる．これらが一致することを証明する．

定理 1.2. 実数値関数に対して，複素形のフーリエ級数と実形式のフーリエ級数は一致する．したがって，$f(x)$ が区分的に滑らか，連続で周期 2π の実数値関数ならば，

$$f(x) = \sum_{n=-\infty}^{\infty} c_n e^{inx} = \frac{a_0}{2} + \sum_{n=1}^{\infty}(a_n \cos nx + b_n \sin nx). \tag{1.53}$$

上の定理を証明するために次の補題を用意する．

補題 1.4. 実形式フーリエ係数 a_n, b_n と複素形式フーリエ係数 c_n の間には，次の関係がある．

$$c_0 = a_0/2, \tag{1.54}$$

$$c_n = (a_n - ib_n)/2, \quad (n = 1, 2, 3, \ldots), \tag{1.55}$$

$$c_{-n} = (a_n + ib_n)/2, \quad (n = 1, 2, 3, \ldots). \tag{1.56}$$

証明. オイラーの公式 (1.49) において x に $-nx$ を代入すると，

$$e^{-inx} = \cos nx - i \sin nx,$$

となる．これを c_n の定義式 (1.51) に代入すると，

$$\begin{aligned} c_n &= \frac{1}{2\pi}\int_{-\pi}^{\pi} f(x) e^{-inx} dx \\ &= \frac{1}{2\pi}\int_{-\pi}^{\pi} f(x)\cos nx dx - \frac{i}{2\pi}\int_{-\pi}^{\pi} f(x)\sin nx dx. \end{aligned} \tag{1.57}$$

この式で n を $-n$ に置き換えると，

$$c_{-n} = \frac{1}{2\pi}\int_{-\pi}^{\pi} f(x)\cos nx dx + \frac{i}{2\pi}\int_{-\pi}^{\pi} f(x)\sin nx dx. \tag{1.58}$$

これらの式と (1.14), (1.15) を比べると，(1.55), (1.56) が得られる．(1.57) に $n = 0$ を代入すると，(1.54) が得られる．証明終．　□

定理 1.2 の証明. (1.53) を証明する. $f(x)$ とその実形式フーリエ級数が一致することは, 定理 1.1 で証明したので, 任意の自然数 N に対して,

$$\sum_{n=-N}^{N} c_n e^{inx} = \frac{a_0}{2} + \sum_{n=1}^{N}(a_n \cos nx + b_n \sin nx), \tag{1.59}$$

を示せばよい. これを示した後で, $N \to \infty$ とすれば, (1.53) が得られる. (1.59) を示すには,

$$c_0 = a_0/2, \tag{1.60}$$

$$c_n e^{inx} + c_{-n} e^{-inx} = a_n \cos nx + b_n \sin nx, \tag{1.61}$$

を示せばよい. 実際に (1.61) を $n = 1$ から $n = N$ まで加え合せて, それと (1.60) を加えれば (1.59) が得られる. (1.60) は既に (1.54) において示されている. (1.61) を示そう. (1.55), (1.56) とオイラーの公式を使い, $i^2 = -1$ に注意すると,

$$\begin{aligned} c_n e^{inx} + c_{-n} e^{-inx} &= \frac{1}{2}(a_n - ib_n)(\cos nx + i \sin nx) \\ &\quad + \frac{1}{2}(a_n + ib_n)(\cos nx - i \sin nx) \\ &= a_n \cos nx + b_n \sin nx, \end{aligned}$$

となり, (1.61) が示された. 証明終. □

$\sin nx$, $\cos nx$ によるフーリエ級数と e^{inx} によるフーリエ級数は見かけは違うが, 結局は同じものである事が証明された.

第2章

ヒルベルト空間とフーリエ級数

2.1 バナッハ空間とヒルベルト空間

第 1 章ではフーリエ級数の計算を中心として解説をしてきたが, 本章は少し抽象的な関数解析の話になる. フーリエ級数の収束とその意味を理解するには, $L^2(-\pi,\pi)$ における完全正規直交基底の概念が必要になる. そこでバナッハ空間とヒルベルト空間を導入する. まず N 次元ユークリッド空間 $\mathbb{R}^N$ を考えて, それを一般化してバナッハ空間を定義する. $\mathbb{R}^N$ においては, ベクトルの足し算とスカラー倍が定義できる. すなわち 2 つのベクトル $u, v \in \mathbb{R}^N$ に対して $u+v$ が定義でき, また 実数 $\lambda \in \mathbb{R}$ とベクトル u に対して λu が定義できる. これにより $\mathbb{R}^N$ は線形空間になる. さらに $\mathbb{R}^N$ にはユークリッド・ノルムが定義できる. すなわち, $\mathbb{R}^N$ の点 $x=(x_1,\ldots,x_n)$ に対して, $|x|=(x_1^2+x_2^2+\cdots+x_N^2)^{1/2}$ がノルムである. これを一般の抽象的な線形空間に拡張したものがバナッハ空間である.

定義 2.1 (バナッハ空間). 次の条件 (B_1), (B_2), (B_3) をみたすときに集合 X を**実 (複素) バナッハ空間**という.

(B_1) X は実 (複素) 線形空間である.

(B_2) X には次の条件 (i),(ii),(iii) を満たす**ノルム** $\|\cdot\|$ が定義されている.

(i) 各 $u \in X$ に対して $\|u\| \geqq 0$ である. また, $\|u\| = 0$ となるのは $u = 0$ のときのみである.

(ii) すべての $u \in X$, $\lambda \in F$ に対して, $\|\lambda u\| = |\lambda|\|u\|$ が成り立つ. ここで, X が実線形空間ならば $F = \mathbb{R}$ とし, X が複素線形空間ならば $F = \mathbb{C}$ とする.

(iii) すべての $u, v \in X$ に対して, $\|u + v\| \leqq \|u\| + \|v\|$ が成り立つ.

(B_3) $d(u, v) = \|u - v\|$ とおくとき, d は X 上の距離関数になる. このとき (X, d) は完備距離空間である. すなわち任意のコーシー列は収束する.

(B_2) (iii) は三角不等式と呼ばれている. u, v をベクトルと考えて, (iii) の不等式を見ると, $u + v$ の長さよりも u の長さと v の長さを加えたものが大きくなっている. これは, 3角形において2つの辺の長さの和が他の1辺より大きいことに対応している. そのために三角不等式と呼ばれている. バナッハ空間よりも, もっと強い性質を持つ空間にヒルベルト空間がある.

定義 2.2 (複素ヒルベルト空間). 次の条件 (H_1), (H_2), (H_3) を満たすときに, 集合 H を**複素ヒルベルト空間** という.

(H_1) H は複素線形空間である.

(H_2) H には次の条件 (i)–(iv) を満たす**内積** $(\cdot, \cdot)$ が定義されている.

(i) 各 $u, v \in H$ に対して, (u, v) は複素数である.

(ii) すべての u, v に対して, $(u, v) = \overline{(v, u)}$ が成り立つ. ただし, $\overline{z}$ は複素数 z の複素共役を表す.

(iii) すべての $u, v, w \in H$, $\lambda, \mu \in \mathbb{C}$ に対して, $(\lambda u + \mu v, w) = \lambda(u, w) + \mu(v, w)$ が成り立つ.

(iv) すべての $u \in H$ に対して, $(u, u) \geqq 0$ である. また, $(u, u) = 0$ となるのは $u = 0$ のときのみである.

(H_3) $\|u\| = \sqrt{(u,u)}$, $d(u,v) = \|u-v\|$ とおくとき, d は H 上の距離関数になる. このとき (H,d) は完備距離空間である. すなわち任意のコーシー列は収束する.

注意 2.1. $\lambda \in \mathbb{C}$ のとき, (H_2) (iii) より $(\lambda u, v) = \lambda(u,v)$ が成り立つ. (H_2), (ii), (iii) より, $(u, \lambda v) = \overline{\lambda}(u,v)$ となる. 内積の中にあるスカラー λ を内積の外に出すときは, 注意が必要である. $(\lambda u, v)$ と $(u, \lambda v)$ では, λ を内積の外に出すときに違いがある.

次に実ヒルベルト空間の定義を述べる.

定義 2.3 (実ヒルベルト空間). 次の条件 $(H_1)'$, $(H_2)'$, (H_3) を満たすときに, 集合 H を**実ヒルベルト空間**という.

$(H_1)'$ H は実線形空間である.

$(H_2)'$ H には次の条件 (i)–(iv) を満たす**内積** $(\cdot,\cdot)$ が定義されている.

(i) 各 $u, v \in H$ に対して, (u,v) は実数である.

(ii) すべての u, v に対して, $(u,v) = (v,u)$ である.

(iii) すべての $u, v, w \in H$, $\lambda, \mu \in \mathbb{R}$ に対して, $(\lambda u + \mu v, w) = \lambda(u,w) + \mu(v,w)$ が成り立つ.

(iv) すべての $u \in H$ に対して, $(u,u) \geqq 0$ である. また, $(u,u) = 0$ となるのは, $u = 0$ のときのみである.

(H_3) $\|u\| = \sqrt{(u,u)}$, $d(u,v) = \|u-v\|$ とおくとき, d は H 上の距離関数になる. このとき (H,d) は完備距離空間である. すなわち任意のコーシー列は収束する.

ヒルベルト空間 H において, その内積 $(\cdot,\cdot)$ を使って, $\|u\| = \sqrt{(u,u)}$ としてノルムが定義できる. このノルムにより, ヒルベルト空間 H はバナッハ空間になる. さらに, ヒルベルト空間のノルムと内積には次の関係がある.

定理 2.1 (シュワルツの不等式). ヒルベルト空間 H の内積 $(\cdot,\cdot)$ に対して, $\|u\| = \sqrt{(u,u)}$ としてノルムを定義する. このとき, 任意の $u, v \in H$ に対し

て次の**シュワルツの不等式**が成り立つ.

$$|(u,v)| \leqq \|u\|\|v\|. \tag{2.1}$$

等号成立は, u と v が1次従属の場合のみである. すなわち, $u,v \neq 0$ のとき, (2.1) で等号が成り立つのは, ある $\alpha \in F$ が存在して, $u = \alpha v$ のときである. ただし, H が複素ヒルベルト空間ならば, $F = \mathbb{C}$ とし, H が実ヒルベルト空間ならば, $F = \mathbb{R}$ とする.

証明. H が複素ヒルベルト空間の場合のみ証明を与える. 実ヒルベルト空間の場合も同様である. u, v を H の任意の元とする. $\alpha = (u,v)$ とおき, t を任意の実数とする. このとき,

$$\begin{aligned}0 &\leqq \|tu+\alpha v\|^2 = (tu+\alpha v, tu+\alpha v)\\ &= t^2\|u\|^2 + t(\overline{\alpha}(u,v) + \alpha(v,u)) + |\alpha|^2\|v\|^2.\end{aligned}$$

ここで, $\alpha = (u,v)$, $(v,u) = \overline{(u,v)}$ なので,

$$\overline{\alpha}(u,v) + \alpha(v,u) = \overline{\alpha}\alpha + \alpha\overline{\alpha} = 2|\alpha|^2$$

となる. よって,

$$0 \leqq t^2\|u\|^2 + 2t|\alpha|^2 + |\alpha|^2\|v\|^2 = at^2 + 2bt + c,$$

が成り立つ. ここで, $a = \|u\|^2$, $b = |\alpha|^2$, $c = |\alpha|^2\|v\|^2$ とおいた. $at^2+2bt+c \geqq 0$ がすべての実数 t について成り立つので, 2次方程式 $at^2+2bt+c=0$ の判別式を D とおくとき, $D \leqq 0$ となる.

$$D/4 = b^2 - ac \leqq 0, \qquad \therefore\ |\alpha|^4 \leqq |\alpha|^2\|u\|^2\|v\|^2.$$

よって, $|\alpha| \leqq \|u\|\|v\|$ が得られ, これは (2.1) を意味する.

次に, (2.1) において, 等号が成り立つ場合, すなわち $|(u,v)| = \|u\|\|v\|$ の場合を考える. このとき $D = 0$ なので, ある $t_0 \in \mathbb{R}$ に対して, $at_0^2 + 2bt_0 + c = 0$ が成り立つ.

$$0 \leqq \|t_0u + \alpha v\|^2 = at_0^2 + 2bt_0 + c = 0.$$

よって, $t_0 u + \alpha v = 0$ が成り立つ. もし, $\alpha \neq 0$ ならば, u, v は 1 次従属になる. $\alpha = 0$ ならば, $0 = |\alpha| = |(u,v)| = \|u\|\|v\|$ となり, $u = 0$ または $v = 0$ となる. よって, u, v は 1 次従属である. 証明終. □

定理 2.1 を使って, 三角不等式を証明しよう.

定理 2.2 (三角不等式). ヒルベルト空間 H の内積 $(\cdot,\cdot)$ に対して, $\|u\| = \sqrt{(u,u)}$ としてノルムを定義する. このとき, 次の**三角不等式**が成り立つ.

$$\|u+v\| \leqq \|u\| + \|v\| \qquad (u, v \in H). \tag{2.2}$$

$u, v \neq 0$ の場合で, 等号が成立するのは, ある正の実数 $\alpha > 0$ があり, $u = \alpha v$ のときである.

証明. 複素ヒルベルト空間の場合のみ証明する. 実ヒルベルト空間の場合の証明も同様である. $\|u+v\|^2$ を展開すると,

$$\|u+v\|^2 = (u+v, u+v) = \|u\|^2 + (u,v) + (v,u) + \|v\|^2. \tag{2.3}$$

ここで, 複素ヒルベルト空間の条件 (H_2) の (ii) を使うと,

$$(u,v) + (v,u) = (u,v) + \overline{(u,v)} = 2\,\mathrm{Re}(u,v).$$

ただし, $\mathrm{Re}\,z$ は複素数 z の実部を表す. 上の式を (2.3) に代入し, シュワルツの不等式を使うと,

$$\begin{aligned}\|u+v\|^2 &= \|u\|^2 + 2\,\mathrm{Re}(u,v) + \|v\|^2 \\ &\leqq \|u\|^2 + 2\|u\|\|v\| + \|v\|^2 = (\|u\| + \|v\|)^2.\end{aligned}$$

これは, (2.2) を証明している. $u, v \neq 0$ のとき, 等号が成立するのは, $\mathrm{Re}(u,v) = |\,\mathrm{Re}(u,v)| = \|u\|\|v\|$ のときなので, 定理 2.1 より u, v は 1 次従属となる. よって, ある α を用いて, $u = \alpha v$ と書ける. これを $\|u+v\| = \|u\| + \|v\|$ に代入すると, $|\alpha + 1| = |\alpha| + 1$ である. 両辺を 2 乗すると, α は実数で $\alpha \geqq 0$ が得られる. $u, v \neq 0$ なので, $\alpha > 0$ となる. 証明終. □

2つのヒルベルト空間 X, Y に対して, 写像 $T : X \to Y$ が線形写像のとき, 線形変換と呼ばれることもある. X におけるノルムも Y におけるノルムも同じ記号 $\|\cdot\|$ で表す. また, X, Y における内積をどちらも同じ記号 $(\cdot, \cdot)$ で表す. すべての u に対して, $\|Tu\| = \|u\|$ が成り立つとき, T を**等距離線形変換**または, ノルムを保存する線形変換という. この場合, $\|Tu\|$ のノルムは Y におけるノルムであり, $\|u\|$ は X におけるノルムである. 線形変換がノルムを保存することと内積を保存することは同値である. すなわち, 次の定理が成り立つ.

定理 2.3. X, Y を共に複素 (実) ヒルベルト空間とし, $T : X \to Y$ を線形変換とする. このとき, 次の2つの命題は同値である.

(i) すべての $u \in X$ に対して, $\|Tu\| = \|u\|$ が成り立つ.
(ii) すべての $u, v \in X$ に対して, $(Tu, Tv) = (u, v)$ が成り立つ.

証明. (ii) $\Longrightarrow$ (i). (ii) を仮定する. $(Tu, Tv) = (u, v)$ の式に $v = u$ を代入すると, (i) が得られる.

(i) $\Longrightarrow$ (ii). (i) を仮定する. X, Y が複素ヒルベルト空間の場合のみ証明する. $\|u + v\|^2$ を展開すると,

$$\|u + v\|^2 = \|u\|^2 + 2\,\mathrm{Re}(u, v) + \|v\|^2. \tag{2.4}$$

上式において, u に Tu を, v に Tv を代入すると,

$$\|T(u + v)\|^2 = \|Tu + Tv\|^2 = \|Tu\|^2 + 2\,\mathrm{Re}(Tu, Tv) + \|Tv\|^2. \tag{2.5}$$

ここで, (i) より $\|T(u + v)\|^2 = \|u + v\|^2$, $\|Tu\|^2 = \|u\|^2$, $\|Tv\|^2 = \|v\|^2$ であり, これらを (2.4), (2.5) において使うと,

$$\mathrm{Re}(Tu, Tv) = \mathrm{Re}(u, v), \tag{2.6}$$

が得られる. 複素数 z の虚部を $\mathrm{Im}\, z$ で表す. $\mathrm{Im}\, z = -\,\mathrm{Re}(iz)$ が成り立つことに注意して, (2.6) の u に $-iu$ を代入すると,

$$\mathrm{Im}(Tu, Tv) = \mathrm{Im}(u, v) \tag{2.7}$$

が従う. (2.6), (2.7) より $(Tu, Tv) = (u, v)$ となり, (i) が得られた. 証明終. □

バナッハ空間とヒルベルト空間の例を挙げる.

例 2.1. Ω を $\mathbb{R}^N$ の開集合とし, $1 \leqq p < \infty$ とする. Ω 上で定義された実数値関数で, その絶対値を p 乗して積分可能な関数の集合を $L^p(\Omega, \mathbb{R})$ と書く.

$$L^p(\Omega, \mathbb{R}) = \{u : u \text{ は実数値関数}, \int_\Omega |u(x)|^p dx < \infty\}.$$

$u(x)$ が複素数値関数でその絶対値が p 乗積分可能な関数の全体を $L^p(\Omega, \mathbb{C})$ と表す.

$$L^p(\Omega, \mathbb{C}) = \{u : u \text{ は複素数値関数}, \int_\Omega |u(x)|^p dx < \infty\}.$$

ただし, $u, v \in L^p(\Omega, \mathbb{R})$ (または $L^p(\Omega, \mathbb{C})$) のとき, $u(x)$ と $v(x)$ がほとんど至るところ等しいならば, $u = v$ とみなす. $u \in L^p(\Omega, \mathbb{R})$ または, $u \in L^p(\Omega, \mathbb{C})$ に対して,

$$\|u\|_p = \left(\int_\Omega |u(x)|^p dx\right)^{1/p}$$

と定義するとき, $\|u\|_p$ は $L^p(\Omega)$ ノルムと呼ばれる. このとき, $L^p(\Omega, \mathbb{R})$ は実バナッハ空間, $L^p(\Omega, \mathbb{C})$ は複素バナッハ空間になる. $L^\infty(\Omega)$ も定義できるが, 今後使わないので定義は書かない. $L^p(\Omega, \mathbb{C})$ $(1 \leqq p < \infty)$ が定義できたが, $p = 2$ のときが複素ヒルベルト空間になる. 実際に

$$L^2(\Omega, \mathbb{C}) = \{u : u \text{ は複素数値関数}, \int_\Omega |u(x)|^2 dx < \infty\}$$

は, 次の内積に関して複素ヒルベルト空間になる.

$$(u, v)_2 = \int_\Omega u(x)\overline{v(x)} dx. \tag{2.8}$$

ただし, $\overline{v(x)}$ は $v(x)$ の複素共役である. 内積がきちんと定義できること, すなわち, (2.8) の右辺の積分が収束することを証明しよう. $u,v \in L^2(\Omega,\mathbb{C})$ とする. 相乗平均, 相加平均の関係式 $ab \leqq \frac{1}{2}(a^2+b^2)$ において, $a=|u(x)|$, $b=|v(x)|$ とする. このとき,

$$\int_\Omega |u(x)v(x)|dx \leqq \frac{1}{2}\int_\Omega (|u(x)|^2+|v(x)|^2)dx < \infty$$

となり, $u(x)v(x)$ は絶対可積分なので, (2.8) の内積は有限値として確定している.

さらに, 次のシュワルツの不等式も成り立つ.

$$\left|\int_\Omega uv dx\right| \leqq \int_\Omega |uv|dx \leqq \left(\int_\Omega |u|^2 dx\right)^{1/2}\left(\int_\Omega |v|^2 dx\right)^{1/2}. \tag{2.9}$$

厳密には, シュワルツの不等式 (2.1) は $|(u,v)_2| \leqq \|u\|_2\|v\|_2$ であり, この式は,

$$\left|\int_\Omega uv dx\right| \leqq \left(\int_\Omega |u|^2 dx\right)^{1/2}\left(\int_\Omega |v|^2 dx\right)^{1/2} \tag{2.10}$$

である. 上式は (2.9) と違うように見えるが, (2.10) から (2.9) が従う. 実際に, $u,v \in L^2(\Omega)$ のときは, $|u|,|v| \in L^2(\Omega)$ なので, (2.10) の u,v に $|u|,|v|$ を代入すると, (2.9) が得られる. $L^2(\Omega,\mathbb{R})$ は次の内積により実ヒルベルト空間になる.

$$(u,v)_2 = \int_\Omega u(x)v(x)dx.$$

上に定義した内積が実ヒルベルト空間の定義 $(H_1)'$, $(H_2)'$ を満たすことは容易にわかる. (H_3) の完備性の証明は省略する. もう一つバナッハ空間とヒルベルト空間の例をあげる.

例 2.2. 数列の空間 ℓ^p とそのノルム $\|\cdot\|_p$ を次のように定義する. $1 \leqq p < \infty$ のとき,

$$\ell^p(\mathbb{R}) = \{\xi = (\xi_1,\xi_2,\ldots):\ 各\ \xi_i\ は実数,\ \sum_{i=1}^\infty |\xi_i|^p < \infty\},$$

$$\ell^p(\mathbb{C}) = \{\xi = (\xi_1, \xi_2, \ldots) : \text{ 各 } \xi_i \text{ は複素数, } \sum_{i=1}^{\infty} |\xi_i|^p < \infty\},$$

$$\|\xi\|_p = \left(\sum_{i=1}^{\infty} |\xi_i|^p \right)^{1/p}.$$

このとき, $\ell^p(\mathbb{R})$, $\ell^p(\mathbb{C})$ は, それぞれ実バナッハ空間, 複素バナッハ空間になる. また, $p = 2$ のとき, $\ell^2(\mathbb{R})$, $\ell^2(\mathbb{C})$ は, それぞれ実ヒルベルト空間, 複素ヒルベルト空間になる. $\xi = (\xi_1, \xi_2, \ldots), \eta = (\eta_1, \eta_2, \ldots) \in \ell^2(\mathbb{C})$ のとき,

$$(\xi, \eta) = \sum_{i=1}^{\infty} \xi_i \overline{\eta_i}, \tag{2.11}$$

によって内積を定義する. ただし, $\overline{\eta_i}$ は η_i の複素共役を表す. 上式の右辺の級数が収束することを証明しよう. $\xi, \eta \in \ell^2(\mathbb{C})$ とする. 相乗平均, 相加平均の関係式, $|\xi_i \eta_i| \leqq \frac{1}{2}(|\xi_i|^2 + |\eta_i|^2)$ を使う. この両辺を i について加えると,

$$\sum_{i=1}^{\infty} |\xi_i \eta_i| \leqq \frac{1}{2} \left(\sum_{i=1}^{\infty} |\xi_i|^2 + \sum_{i=1}^{\infty} |\eta_i|^2 \right) < \infty$$

となり, $\xi_i \eta_i$ の和は絶対収束する. よって, (2.11) の内積は, きちんと定義されている. $\ell^2(\mathbb{R})$ の場合の内積も (2.11) と同様に定義するが, 複素共役をとる必要はない. $\ell^2(\mathbb{R})$ の内積は, $(\xi, \eta) = \sum_{i=1}^{\infty} \xi_i \eta_i$ と定義する.

補題 2.1. 次のシュワルツの不等式が成り立つ.

$$\sum_{i=1}^{\infty} |\xi_i \eta_i| \leqq \left(\sum_{i=1}^{\infty} |\xi_i|^2 \right)^{1/2} \left(\sum_{i=1}^{\infty} |\eta_i|^2 \right)^{1/2} \quad (\xi, \eta \in \ell^2). \tag{2.12}$$

証明. $\ell^2(\mathbb{C})$ の場合について証明する. $\ell^2(\mathbb{R})$ の場合も同様に証明できる. (2.1) に対して, $\ell^2(\mathbb{C})$ 内積とノルムを使うと,

$$\left| \sum_{i=1}^{\infty} \xi_i \overline{\eta_i} \right| \leqq \left(\sum_{i=1}^{\infty} |\xi_i|^2 \right)^{1/2} \left(\sum_{i=1}^{\infty} |\eta_i|^2 \right)^{1/2}. \tag{2.13}$$

がすべての $\xi, \eta \in \ell^2(\mathbb{C})$ に対して成り立つ．ここで，ξ, η に対して，$x = (|\xi_1|, |\xi_2|, \ldots)$, $y = (|\eta_1|, |\eta_2|, \ldots)$ とおくと $x, y \in \ell^2$ である．(2.13) の ξ_i, η_i に $|\xi_i|$, $|\eta_i|$ を代入すると，(2.12) が得られる．証明終. □

ℓ^2 が (H_1), (H_2) を満たすことはすぐに分かる．(H_3) を満たすことを証明する．

(H_3) **の証明.** $\ell^2(\mathbb{C})$ に対してのみ証明する．$\ell^2(\mathbb{R})$ の場合も同様に証明できる．$\{\xi^n\}_{n=1}^{\infty}$ を $\ell^2(\mathbb{C})$ の任意のコーシー列とする．すなわち，

$$\|\xi^n - \xi^m\|_2 \to 0 \quad (n, m \to \infty),$$

と仮定する．このとき，ある $\eta \in \ell^2(\mathbb{C})$ があり，

$$\|\xi^n - \eta\|_2 \to 0, \quad (n \to \infty), \tag{2.14}$$

が成り立つことを示そう．ξ^n の成分表示を $\xi^n = (\xi_1^n, \xi_2^n, \ldots)$ とする．自然数 j を任意に固定するときに，

$$|\xi_j^n - \xi_j^m| \leqq \left(\sum_{i=1}^{\infty} |\xi_i^n - \xi_i^m|^2\right)^{1/2} = \|\xi^n - \xi^m\|_2 \to 0 \quad (n, m \to \infty),$$

なので，$\{\xi_j^n\}_{n=1}^{\infty}$ は複素数のコーシー列となる．ゆえに，ξ_j^n は $n \to \infty$ のとき収束する．その極限を η_j とする．すなわち，$\lim_{n\to\infty} \xi_j^n = \eta_j$ である．$\eta = (\eta_1, \eta_2, \ldots)$ とおく．$\eta \in \ell^2(\mathbb{C})$ を証明する．$\{\xi^n\}$ はコーシー列なので，十分大きな N をとると，

$$\|\xi^n - \xi^m\|_2 \leqq 1 \quad (n, m \geqq N),$$

となるので，三角不等式 (2.2) を使うと，$m \geqq N$ のとき，

$$\|\xi^m\|_2 \leqq \|\xi^m - \xi^N\|_2 + \|\xi^N\|_2 \leqq 1 + \|\xi^N\|_2.$$

この式から，任意の k に対して，

$$\sum_{i=1}^{k} |\xi_i^m|^2 \leqq \sum_{i=1}^{\infty} |\xi_i^m|^2 \leqq (1 + \|\xi^N\|_2)^2.$$

上式右辺を A とおき, $m \to \infty$ とすると,

$$\sum_{i=1}^{k} |\eta_i|^2 \leqq A \quad (k = 1, 2, 3, \ldots).$$

$k \to \infty$ として,

$$\sum_{i=1}^{\infty} |\eta_i|^2 \leqq A < \infty.$$

これは, $\eta \in \ell^2(\mathbb{C})$ を意味する. 最後に (2.14) を示す. $\{\xi^n\}$ はコーシー列なので, 任意の $\varepsilon > 0$ に対して, ある番号 N_ε があり, $n, m \geqq N_\varepsilon$ のとき,

$$\left(\sum_{i=1}^{k} |\xi_i^n - \xi_i^m|^2\right)^{1/2} \leqq \left(\sum_{i=1}^{\infty} |\xi_i^n - \xi_i^m|^2\right)^{1/2} = \|\xi^n - \xi^m\|_2 < \varepsilon,$$

がすべての自然数 k に対して成り立つ. ゆえに,

$$\sum_{i=1}^{k} |\xi_i^n - \xi_i^m|^2 \leqq \varepsilon^2, \quad (n, m \geqq N_\varepsilon).$$

$m \to \infty$ として,

$$\sum_{i=1}^{k} |\xi_i^n - \eta_i|^2 \leqq \varepsilon^2, \quad (n \geqq N_\varepsilon).$$

$k \to \infty$ として

$$\|\xi^n - \eta\|_2^2 \leqq \varepsilon^2, \quad (n \geqq N_\varepsilon).$$

これは, (2.14) を示している. 証明終. □

2.2　ヒルベルト空間の性質

ヒルベルト空間の完全正規直交基底について説明する. ヒルベルト空間 H の内積を $(\cdot, \cdot)$ で表す. 添字の集合 Λ があり, ヒルベルト空間 H の部分集合 $\{e_\lambda : \lambda \in \Lambda\}$ が**正規直交系**であるとは

$$(e_\lambda, e_\mu) = \begin{cases} 1 & (\lambda = \mu \text{ のとき}) \\ 0 & (\lambda \neq \mu \text{ のとき}) \end{cases} \tag{2.15}$$

が成り立つことをいう．2つのベクトルの内積が0になることを，これらのベクトルは直交するという．内積とノルムの関係から $(e_\lambda, e_\lambda) = \|e_\lambda\|^2$ であるから，(2.15) の意味することは，「各 e_λ の長さは1であり，異なる2つの e_λ と e_μ は互いに直交する」というものである．そのようなベクトルの組を正規直交系という．正規直交系の正規は，長さが1であることを意味する．

定理 2.4 (ベッセルの不等式). $\{e_n\}_{n=1}^{\infty}$ は，ヒルベルト空間 H における正規直交系とする．$u \in H$ とし，$\xi_n = (u, e_n)$ とおくとき，次の**ベッセルの不等式**が成り立つ．

$$\sum_{n=1}^{\infty} |\xi_n|^2 \leqq \|u\|^2. \tag{2.16}$$

証明. H が複素ヒルベルト空間の場合に証明する．実ヒルベルト空間の場合も同様である．任意の自然数 n に対して，

$$\begin{aligned} 0 \leqq \|u - \sum_{k=1}^{n} \xi_k e_k\|^2 &= (u - \sum_{i=1}^{n} \xi_i e_i, u - \sum_{j=1}^{n} \xi_j e_j) \\ &= \|u\|^2 - \sum_j \overline{\xi}_j (u, e_j) - \sum_i \xi_i (e_i, u) + \|\sum_i \xi_i e_i\|^2 \\ &= \|u\|^2 - \sum_j |\xi_j|^2 - \sum_i |\xi_i|^2 + \sum_i |\xi_i|^2 = \|u\|^2 - \sum_{i=1}^{n} |\xi_i|^2. \end{aligned} \tag{2.17}$$

上の計算において，$(u, e_j) = \xi_j$，$(e_i, u) = \overline{(u, e_i)} = \overline{\xi_i}$ を使った．(2.17) より $\sum_{i=1}^{n} |\xi_i|^2 \leqq \|u\|^2$ である．$n \to \infty$ として (2.16) を得る． □

定義 2.4. $\{e_\lambda : \lambda \in \Lambda\}$ をヒルベルト空間 H における正規直交系とする．これが**完全正規直交系 (完全正規直交基底)** であるとは，すべての $\lambda \in \Lambda$ に対して $(u, e_\lambda) = 0$ ならば，$u = 0$ が成り立つことをいう．すなわち，すべての e_λ に直交するベクトルは，0ベクトルしかないということである．

H の完全正規直交基底のとり方は，1つとは限らない．しかし1つのヒルベルト空間の完全正規直交基底の濃度は1つであることが知られている．す

なわち, ヒルベルト空間 H の 2 つの完全正規直交基底 $\{e_\lambda\}_{\lambda\in\Lambda}$, $\{f_\mu\}_{\mu\in M}$ をとると, Λ と M は同じ濃度を持つ.

定義 2.5. (i) ヒルベルト空間の完全正規直交基底の濃度をその空間の**次元**という.

(ii) ヒルベルト空間 H の部分集合 A が**稠密**であるとは, 任意の $u \in H$ と任意の $\varepsilon > 0$ に対して, $\|u - v\| < \varepsilon$ を満たす A の元 v が存在することをいう.

(iii) ヒルベルト空間 H の, ある加算部分集合が H の中で稠密であるときに, H は**可分**であるという.

A が稠密であるとは, 言い換えると,「H のどんな点のどれだけ近くにも A の点が存在する」ことである. さらに, このような A を加算集合にとることができるときに, H は可分であるという. 例えば, 有理数全体 $\mathbb{Q}$ は加算無限集合であり, $\mathbb{R}$ で稠密であるから, ヒルベルト空間 $\mathbb{R}$ は可分である. 同様に $\mathbb{Q}^N$ は $\mathbb{R}^N$ で稠密なので, $\mathbb{R}^N$ は可分である.

定理 2.5. $\ell^2(\mathbb{R})$ と $\ell^2(\mathbb{C})$ は可分である.

証明. $\ell^2(\mathbb{R})$ についてのみ証明する. まず $\ell^2(\mathbb{R})$ の完全正規直交基底を次のように作る.

$$e_n = (0, \ldots, 0, 1, 0, \ldots). \tag{2.18}$$

ここで, e_n はその第 n 成分のみが 1 で, それ以外はすべて 0 と定義している. このとき, $e_n \in \ell^2(\mathbb{R})$ は明らかに成り立つ. $n \neq m$ のとき, $(e_n, e_m) = 0$, $(e_n, e_n) = 1$ も成り立つので, 正規直交系である. これが完全系であることを証明する. $\xi \in \ell^2(\mathbb{R})$ が すべての自然数 n に対して, $(\xi, e_n) = 0$ を満たすとする. $\xi = (\xi_1, \xi_2, \ldots)$ とする. このとき, $(\xi, e_n) = \xi_n$ なので, 明らかに, $\xi = (0, 0, \ldots) = 0$ となる. よって $\{e_n\}$ は完全系である. 完全正規直交基底の濃度がヒルベルト空間の次元なので, $\ell^2(\mathbb{R})$ は加算無限次元である. 次の

集合,

$$A=\bigcup_{N=1}^{\infty}\left\{\sum_{i=1}^{N}\alpha_i e_i:\ \alpha_i\in\mathbb{Q}\right\}$$
$$=\bigcup_{N=1}^{\infty}\{(\alpha_1,\alpha_2,\ldots,\alpha_N,0,0,\ldots):\ \alpha_i\in\mathbb{Q}\}$$

は, 明らかに加算無限集合である. また, A が $\ell^2(\mathbb{R})$ で稠密であることも容易に示すことができる. 従って $\ell^2(\mathbb{R})$ は可分なヒルベルト空間である. □

ヒルベルト空間が「加算無限次元」であることと「可分かつ無限次元」になることは同値であることが知られている. 次の定理は重要である.

定理 2.6. H を無限次元のヒルベルト空間とし, $\{e_n\}_{n=1}^{\infty}$ を1つの正規直交系とする. このとき次の (i), (ii), (iii) は同値である.

(i) $\{e_n\}_{n=1}^{\infty}$ は完全正規直交基底である.

(ii) 任意の $u\in H$ に対して, 唯一つの $\xi=(\xi_1,\xi_2,\ldots)\in\ell^2$ が存在して, $u=\sum_{i=1}^{\infty}\xi_i e_i$ が成り立つ. 正確には,

$$\|u-\sum_{i=1}^{n}\xi_i e_i\|\to 0\quad(n\to\infty). \tag{2.19}$$

ただし, 上に出てくる ℓ^2 は, H が複素ヒルベルト空間のとき $\ell^2=\ell^2(\mathbb{C})$ とし, H が実ヒルベルト空間のとき $\ell^2=\ell^2(\mathbb{R})$ とする.

(iii) 任意の $u\in H$ に対して, 次の等式が成り立つ. これを **Parseval(パーセバル) の等式** という.

$$\|u\|^2=\sum_{i=1}^{\infty}|(u,e_i)|^2. \tag{2.20}$$

証明. $u\in H$ に対して,

$$\xi_i=(u,e_i),\quad u_n=\sum_{i=1}^{n}\xi_i e_i \tag{2.21}$$

とおく．このとき，(2.17) より次が成り立つ．

$$\|u-u_n\|^2=\|u\|^2-\sum_{i=1}^{n}|\xi_i|^2. \tag{2.22}$$

(i) $\Longrightarrow$ (ii) を示す．(i) を仮定する．$u\in H$ を任意に与える．ξ_i と u_n を (2.21) により定義する．このとき，ベッセルの不等式 (2.16) より，

$$\sum_{i=1}^{\infty}|\xi_i|^2 \leqq \|u\|^2<\infty.$$

ゆえに，$\xi=(\xi_1,\xi_2,\ldots)\in\ell^2$ である．このとき，$\{u_n\}$ は H のコーシー列になる．実際に，$n>m$ のとき，

$$\|u_n-u_m\|^2=\|\sum_{i=1}^{n}\xi_ie_i-\sum_{i=1}^{m}\xi_ie_i\|^2=\|\sum_{m+1}^{n}\xi_ie_i\|^2=\sum_{m+1}^{n}|\xi_i|^2. \tag{2.23}$$

$\sum_{i=1}^{\infty}|\xi_i|^2<\infty$ なので，$\sum_{m+1}^{n}|\xi_i|^2\to 0,\ (n>m,\ \ m\to\infty)$ である．ゆえに，

$$\|u_n-u_m\|^2\to 0 \quad (n>m,\ m\to\infty),$$

となり，$\{u_n\}$ はコーシー列となる．H は完備なので u_n は収束する．その極限を v とする．$v=\sum_{i=1}^{\infty}\xi_ie_i$ である．$m>n$ のとき，

$$(u-u_m,e_n)=(u,e_n)-(u_m,e_n)=\xi_n-\sum_{i=1}^{m}\xi_i(e_i,e_n)=\xi_n-\xi_n=0.$$

$\lim_{m\to\infty}u_m=v$ なので，$(u-v,e_n)=0,\ (n=1,2,3,\ldots)$ となる．(i) の仮定により，$u=v$．すなわち，$u=\sum_{i=1}^{\infty}\xi_ie_i$ である．

このような表示の一意性を証明する．実際に，$\xi,\eta\in\ell^2$ を用いて，$u=\sum_{i=1}^{\infty}\xi_ie_i=\sum_{i=1}^{\infty}\eta_ie_i$ と表示できたと仮定する．この両辺と e_n の内積をとると，$\xi_n=\eta_n$ がすべての n について成り立つ．すなわち，$\xi=\eta$ となり，表示の一意性が証明できた．

(ii) $\Longrightarrow$ (iii) を示す. (ii) を仮定する. すなわち, 任意の $u \in H$ に対して, ある $\xi = (\xi_1, \xi_2, \ldots) \in \ell^2$ があり, $u = \sum_{i=1}^{\infty} \xi_i e_i$ が成り立つものとする. この両辺と e_n との内積をとると,

$$(u, e_n) = \left(\sum_{i=1}^{\infty} \xi_i e_i, e_n \right) = \xi_n$$

となり, $\xi_n = (u, e_n)$ がわかる. u_n を (2.21) により定義する. このとき, (2.19) より $\|u - u_n\| \to 0$ $(n \to \infty)$ が成り立つ. ゆえに, (2.22) により, $\|u\|^2 = \sum_{i=1}^{\infty} |\xi_i|^2$ が成り立つ. すなわち, (2.20) が成り立つ.

(iii) $\Longrightarrow$ (i) を示す. $\|u\|^2 = \sum_{i=1}^{\infty} |(u, e_i)|^2$ を仮定する. このとき, もしすべての n に対して, $(u, e_n) = 0$ ならば, 上式により $\|u\|^2 = 0$ となる. よって, $u = 0$ である. これは, (i) を示している. 証明終. □

加算無限次元のヒルベルト空間の例 ℓ^2 を示したが, 非加算無限次元のヒルベルト空間もあるのだろうか. そのような例を次にあげる.

例 2.3. 関数 $u : [0, 1] \to \mathbb{R}$ に対して, $u(t) \neq 0$ となる点 t の集合を $N[u]$ と表す. すなわち,

$$N[u] = \{t \in [0, 1] : u(t) \neq 0\}$$

とする. $N[u]$ が高々加算集合 (すなわち, 有限集合または可算無限集合) であるような関数 $u : [0, 1] \to \mathbb{R}$ の全体を A と書く. さらに,

$$H = \{u \in A : \sum_{t \in N[u]} u(t)^2 < \infty\}$$

とおく. 上に書いた $\sum_{t \in N[u]} u(t)^2$ は次の意味である. $N[u]$ が可算無限集合ならば, それを $\{t_n\}$ とおくとき,

$$\sum_{t \in N[u]} u(t)^2 = \sum_{n=1}^{\infty} u(t_n)^2$$

と定義する. この級数が収束する場合, その和は t_n の順番に関係なく一定値になる. $N[u]$ が有限集合ならば, $\sum_{t \in N[u]} u(t)^2$ はその有限集合上での和を

表す. H は次の内積によって実ヒルベルト空間になる.

$$(u,v)=\sum_{t\in N[u]\cap N[v]} u(t)v(t).$$

このとき, この空間は連続濃度の次元を持っている. 実際に, $r\in[0,1]$ に対して,

$$e_r(t)=\begin{cases}1 & (t=r\text{ のとき})\\ 0 & (t\neq r\text{ のとき})\end{cases}$$

とおくと, $\{e_r\}_{r\in[0,1]}$ は H における完全正規直交基底になる. 従って, H の次元は連続濃度である.

定義 2.6. H, G を複素ヒルベルト空間 (または実ヒルベルト空間) とする. H から G への全単射かつ連続な線形写像 T が存在するとき, H と G は**同型**であるといい, T を**同型写像**という. このとき, T^{-1} は G から H への連続写像になることが知られている. 同型写像 T が $\|Tu\|=\|u\|$ $(u\in H)$ をみたすとき, **等距離同型写像**という. また, このとき H と G は**等距離同型**であるという.

定理 2.7. すべての加算無限次元の複素 (実) ヒルベルト空間は互いに等距離同型である.

証明. H が実ヒルベルト空間の場合に証明する. 複素ヒルベルト空間の場合も同様に証明できる. H を任意の加算無限次元の実ヒルベルト空間とする. これが $\ell^2(\mathbb{R})$ と同型であることを証明する. H の完全正規直交基底を $\{e_n\}_{n=1}^{\infty}$ とする. このとき, 定理 2.6 より H の任意の元 u は, ある $\xi=(\xi_1,\xi_2,\ldots)\in\ell^2(\mathbb{R})$ を用いて, $u=\sum_{i=1}^{\infty}\xi_i e_i$ と一意に表示できる. このとき, u に ξ を対応させる写像を T と定義する. T が H から $\ell^2(\mathbb{R})$ への同型写像であることを証明する. まず線形写像であることから証明する. $u,v\in H$ に対して, $Tu=\xi$, $Tv=\eta$ とおく. すなわち, $u=\sum_{i=1}^{\infty}\xi_i e_i$, $v=\sum_{i=1}^{\infty}\eta_i e_i$ である. 任意の $\lambda,\mu\in\mathbb{R}$ に対して,

$\lambda u + \mu v = \sum_{i=1}^{\infty}(\lambda\xi_i + \mu\eta_i)e_i$ なので,

$$T(\lambda u + \mu v) = \lambda\xi + \mu\eta = \lambda Tu + \mu Tv$$

となり, T は線形写像である. 次に T が全射であることを示す. $\xi \in \ell^2(\mathbb{R})$ を任意に与える. このとき, $u = \sum_{i=1}^{\infty}\xi_i e_i$ とおく. これが意味を持つことを示す. $u_n = \sum_{i=1}^{n}\xi_i e_i$ とおく. $n > m$ のとき, $u_n - u_m = \sum_{i=m+1}^{n}\xi_i e_i$ であり, $\xi \in \ell^2(\mathbb{R})$ なので,

$$\|u_n - u_m\|^2 = \sum_{i=m+1}^{n}|\xi_i|^2 \to 0 \quad (n > m,\ m \to \infty).$$

従って u_n はコーシー列となり収束する. ゆえに $u = \lim_{n\to\infty} u_n$ が定義できて, $u = \sum_{i=1}^{\infty}\xi_i e_i$ となる. すなわち, $Tu = \xi$ である. 従って, T は全射である. 定理 2.6 (iii) より, $\|u\|^2 = \sum_{i=1}^{\infty}|\xi_i|^2 = \|Tu\|^2$ となる. ゆえに T は等距離写像である. 特に単射になる. 以上により, T は等距離同型写像となる. 証明終. □

例 1 で定義した $L^2(\Omega)$ は, 加算無限次元のヒルベルト空間になることが知られている. 従って, 定理 3 より次の系が導かれる.

系 2.1. $L^2(\Omega, \mathbb{R})$ と $\ell^2(\mathbb{R})$, また $L^2(\Omega, \mathbb{C})$ と $\ell^2(\mathbb{C})$ は, それぞれ等距離同型である.

2.3 フーリエ級数の一様収束

連続関数が一様収束すれば, その極限は連続になる. 従って, 定理 1.1 において, f が不連続ならば (1.29) のフーリエ級数は一様収束しない. しかし, もし f が連続ならば, フーリエ級数は一様収束することを証明しよう.

定理 2.8. $f(x)$ は区分的に滑らか, 連続で周期 2π の複素数値関数とする.

このとき, $f(x)$ の複素形式のフーリエ級数は一様収束し $f(x)$ に一致する.

$$f(x) = \sum_{-\infty}^{\infty} c_n e^{inx}.$$

従って, $f(x)$ が実数値関数ならば, 実形式のフーリエ級数 (1.29) も一様収束する.

上の定理を証明するために, いくつかの補題を準備する.

補題 2.2.

$$\left\{ \frac{1}{\sqrt{2\pi}} e^{inx} : \ n = 0, \pm 1, \pm 2, \ldots \right\}$$

は, $L^2((-\pi, \pi), \mathbb{C})$ の正規直交系である. 実際には, この関数列は完全正規直交系になることが後で証明される.

証明.

$$\phi_n(x) = \frac{1}{\sqrt{2\pi}} e^{inx} \quad (n = 0, \pm 1, \pm 2, \ldots), \tag{2.24}$$

とおく. $n \neq m$ のとき L^2 内積を計算すると

$$\begin{aligned}
(\phi_n, \phi_m)_2 &= \int_{-\pi}^{\pi} \phi_n(x) \overline{\phi_m(x)} dx = \frac{1}{2\pi} \int_{-\pi}^{\pi} e^{i(n-m)x} dx \\
&= \frac{1}{2\pi} \left[\frac{1}{i(n-m)} e^{i(n-m)x} \right]_{-\pi}^{\pi} \\
&= \frac{1}{2\pi i(n-m)} \left(e^{i(n-m)\pi} - e^{-i(n-m)\pi} \right) = 0.
\end{aligned}$$

また

$$\|\phi_n\|_2^2 = \frac{1}{2\pi} \int_{-\pi}^{\pi} |e^{inx}|^2 dx = 1.$$

以上により, ϕ_n は正規直交系である. □

正規直交系 $\{(1/\sqrt{2\pi})e^{inx}\}$ に対するベッセルの不等式は, 次のようになる.

補題 2.3. $f \in L^2((-\pi,\pi),\mathbb{C})$ に対する複素形のフーリエ係数を c_n とする. すなわち,

$$c_n = \frac{1}{2\pi}\int_{-\pi}^{\pi} f(x)e^{-inx}dx. \tag{2.25}$$

このとき, 次のベッセルの不等式が成り立つ.

$$\sum_{-\infty}^{\infty} |c_n|^2 \leqq \frac{1}{2\pi}\|f\|_2^2. \tag{2.26}$$

ただし, $\|f\|_2$ は f の L^2 ノルムである. 上の不等式は実際には等式で成り立つことが後で証明される.

証明. ϕ_n を (2.24) により定義する. $\xi_n = (f,\phi_n)_2$ とおくと, $\{\phi_n\}$ が正規直交系なので定理 2.4 より

$$\sum_{-\infty}^{\infty} |\xi_n|^2 \leqq \|f\|_2^2, \tag{2.27}$$

が成り立つ. 一方, ξ_n は次のように計算される.

$$\xi_n = (f,\phi_n)_2 = \int_{-\pi}^{\pi} f(x)\overline{\phi_n(x)}dx = \frac{1}{\sqrt{2\pi}}\int_{-\pi}^{\pi} f(x)e^{-inx}dx.$$

上の ξ_n と (2.25) の c_n を比較すると, $\xi_n = \sqrt{2\pi}c_n$ となる. これを (2.27) に代入すると (2.26) が得られる. 証明終. □

関数列の一様収束に関する次の補題は, ほとんどの微分積分学の教科書に出ているので証明は省略する.

補題 2.4. $f_n(x)$ は区間 I で定義された複素数値関数とする. ここで, 区間 I は有限区間でも無限区間でもよい. 次の条件 (i), (ii) を満たす正数列 $\{M_n\}$ が存在するならば, $\sum_{n=1}^{\infty} f_n(x)$ は I 上で一様収束する.

(i) すべての $x \in I$ と n に対して, $|f_n(x)| \leqq M_n$.

(ii) $\sum_{n=1}^{\infty} M_n$ は収束する.

上に述べた 3 つの補題を使って, 定理 2.8 を証明する.

定理 2.8 の証明. $f(x)$ の複素形フーリエ係数を c_n とする. すなわち,

$$c_n = \frac{1}{2\pi}\int_{-\pi}^{\pi} f(x)e^{-inx}dx$$

である. f' は区分的に連続である. その複素形フーリエ係数を d_n とする. すなわち,

$$d_n = \frac{1}{2\pi}\int_{-\pi}^{\pi} f'(x)e^{-inx}dx$$

である. f' のフーリエ係数が d_n なので, (2.26) に d_n と f' を代入すると, 次の式が得られる.

$$\sum_{-\infty}^{\infty}|d_n|^2 \leqq \frac{1}{2\pi}\|f'\|_2^2. \tag{2.28}$$

$f(x)$ は周期 2π の連続関数なので $f(-\pi) = f(\pi)$ である. この式を使って, 部分積分をすると,

$$\begin{aligned} d_n &= \frac{1}{2\pi}\int_{-\pi}^{\pi} f'(x)e^{-inx}dx \\ &= \frac{1}{2\pi}\left\{\left[f(x)e^{-inx}\right]_{-\pi}^{\pi} - \int_{-\pi}^{\pi} f(x)(e^{-inx})'dx\right\} \\ &= \frac{in}{2\pi}\int_{-\pi}^{\pi} f(x)e^{-inx}dx = inc_n. \end{aligned}$$

すなわち, $d_n = inc_n$ である. これを (2.28) に代入すると,

$$\sum_{-\infty}^{\infty} n^2|c_n|^2 \leqq \frac{1}{2\pi}\|f'\|_2^2 < \infty. \tag{2.29}$$

以下において, 和の記号 $\sum_{n\neq 0}$ は, $n = 0$ を除いた $n = -\infty$ から $n = \infty$ までの和を表す. シュワルツの不等式 (2.12) と (2.29) を使うと, 次式が得ら

れる.

$$\sum_{n\neq 0}|c_n| = \sum_{n\neq 0} n|c_n| \times \frac{1}{n} \leqq \left(\sum_{n\neq 0} n^2|c_n|^2\right)^{1/2} \left(\sum_{n\neq 0}\frac{1}{n^2}\right)^{1/2} < \infty.$$

よって, $\sum_{-\infty}^{\infty}|c_n|$ は収束する. 補題 2.4 より, $\sum_{-\infty}^{\infty} c_n e^{inx}$ は一様収束する. 証明終. □

上の定理の証明で分かるように $d_n = inc_n$ である. すなわち次の系が得られる.

系 2.2. $f(x)$ は区分的に滑らか, 連続で周期 2π の複素数値関数とする. $f(x)$ の複素形式のフーリエ級数を

$$f(x) = \sum_{-\infty}^{\infty} c_n e^{inx} \tag{2.30}$$

とする. このとき, $f'(x)$ の複素形のフーリエ級数は次のようになる.

$$f'(x) \sim \sum_{-\infty}^{\infty} inc_n e^{inx}. \tag{2.31}$$

ここで (2.30) において等号が成り立つのは, 定理 2.8 による. もし, $f'(x)$ が区分的に滑らか, 連続で周期 2π の複素数値関数ならば, (2.31) においても等号が成り立つ.

2.4 $L^2(-\pi,\pi)$ とフーリエ級数

今までと同様に, $L^2((-\pi,\pi),\mathbb{R})$ と $L^2((-\pi,\pi),\mathbb{C})$ は, それぞれ実数値関数と複素数値関数の L^2 空間とする. この節では, $L^2((-\pi,\pi),\mathbb{R})$ における完全正規直交基底を $\sin nx$, $\cos nx$ を使って求める. 次の定理は, L^2 関数がフーリエ級数展開可能であることを保証している.

定理 2.9.

$$\left\{\frac{1}{\sqrt{2\pi}}e^{inx} : n = 0, \pm 1, \pm 2, \ldots\right\}$$

は, $L^2((-\pi,\pi),\mathbb{C})$ の完全正規直交基底である.

完全正規直交基底と完全正規直交系の言い方をするが, この 2 つは全く同じである. 上の定理を証明するために関数空間 C^∞ と C_0^∞ の定義を与える.

定義 2.7. Ω を $\mathbb{R}^N$ の開集合とする. Ω で定義された複素数値関数 $f(x)$ を考える. 何回でも無限に多く偏微分できるような関数 $f(x)$ の集合を $C^\infty(\Omega,\mathbb{C})$ と表す. $f \in C^\infty(\Omega,\mathbb{C})$ であり, Ω のコンパクトな部分集合 K が存在して, すべての $x \in \Omega \setminus K$ に対して $f(x) = 0$ となるような関数 $f(x)$ の集合を $C_0^\infty(\Omega,\mathbb{C})$ と書く. 同様にして, 実数値関数に対して $C^\infty(\Omega,\mathbb{R})$ と $C_0^\infty(\Omega,\mathbb{R})$ が定義できる.

$f(x) \not\equiv 0$ であり, $f \in C_0^\infty(\mathbb{R},\mathbb{R})$ となる関数 $f(x)$ は存在する. 実際に, 次のように $f(x)$ を定義する.

$$f(x) = \begin{cases} \exp\left(-\dfrac{1}{1-x^2}\right) & (|x| < 1) \\ 0 & (|x| \geqq 1). \end{cases}$$

このとき $f(x)$ は $C_0^\infty(\mathbb{R},\mathbb{R})$ に属する.

補題 2.5. Ω を $\mathbb{R}^N$ の開集合とする. $1 \leqq p < \infty$ とする. $C_0^\infty(\Omega,\mathbb{C})$ は $L^p(\Omega,\mathbb{C})$ の中で稠密である. すなわち, 任意の $f \in L^p(\Omega,\mathbb{C})$ に対して, ある関数列 $f_n \in C_0^\infty(\Omega,\mathbb{C})$ が存在して, $\|f_n - f\|_p \to 0$ $(n \to \infty)$ が成り立つ.

上の補題は証明しない. 興味のある読者は参考文献 [4, p.17, 定理 1.15] を参照せよ.

定理 2.9 の証明. この証明において, $L^2((-\pi,\pi),\mathbb{C})$ を L^2 と略記する. $\phi_n(x)$ を (2.24) により定義する. 補題 2.2 より $\{\phi_n\}$ は L^2 における正規直

交系である．これがパーセバルの等式を満たすことを証明する．2つのStepに分ける．

Step 1. $f \in C^1([-\pi,\pi],\mathbb{C})$ であり $f(-\pi)=f(\pi)$ をみたすときに，f に対するパーセバルの等式を示す．このとき，$f(x)$ を周期 2π の周期関数として $\mathbb{R}$ 全体に拡張する．定理2.8より $f(x)$ のフーリエ級数は $f(x)$ に一様収束する．f の複素形フーリエ係数を c_n とし，フーリエ級数の部分和を $S_N(x)$ とおく．

$$S_N(x)=\sum_{-N}^{N} c_n e^{inx}=\sum_{-N}^{N}\alpha_n\phi_n(x),$$

である．ここで，$\alpha_n=\sqrt{2\pi}c_n$ とおいた．このとき，

$$\alpha_n=(f,\phi_n)_2=\int_{-\pi}^{\pi} f(x)\overline{\phi_n(x)}dx$$

となる．(2.17) より，

$$\|f-\sum_{-N}^{N}\alpha_n\phi_n\|_2^2=\|f\|_2^2-\sum_{-N}^{N}|\alpha_n|^2,$$

である．これを書き直すと，

$$\int_{-\pi}^{\pi}|f(x)-S_N(x)|^2dx=\|f\|_2^2-\sum_{-N}^{N}|\alpha_n|^2,$$

となる．$S_N(x)$ が $f(x)$ に一様収束するので，$N\to\infty$ のとき左辺の積分は0に収束する．よって，

$$\|f\|_2^2=\sum_{-\infty}^{\infty}|\alpha_n|^2,$$

が得られて，パーセバルの等式が成り立つ．

Step 2. 任意の $f \in L^2$ に対してパーセバルの等式を証明する．$f \in L^2$ を任意に与える．補題2.5より $C_0^\infty((-\pi,\pi),\mathbb{C})$ は L^2 の中で稠密なので，$\|f_k-f\|_2 \to 0$ $(k\to\infty)$ となる関数列 $f_k \in C_0^\infty((-\pi,\pi),\mathbb{C})$ をとることが

できる. $f_k(-\pi)=f_k(\pi)=0$ なので, f_k は Step 1 の仮定を満たしている. f_k の ϕ_n に関するフーリエ係数を $\alpha_{k,n}$ とおく. すなわち,

$$\alpha_{k,n}=(f_k,\phi_n)_2=\int_{-\pi}^{\pi}f_k(x)\overline{\phi_n(x)}dx$$

である. Step 1 より,

$$\|f_k\|_2^2=\sum_{n=-\infty}^{\infty}|\alpha_{k,n}|^2, \tag{2.32}$$

が成り立つ. f の ϕ_n に対するフーリエ係数を α_n とおく. すなわち,

$$\alpha_n=(f,\phi_n)_2=\int_{-\pi}^{\pi}f(x)\overline{\phi_n(x)}dx.$$

ベッセルの不等式より,

$$\sum_{-\infty}^{\infty}|\alpha_n|^2\leqq\|f\|_2^2, \tag{2.33}$$

が成り立つ. f_k-f の ϕ_n に関するフーリエ係数は $\alpha_{k,n}-\alpha_n$ である. 実際に

$$(f_k-f,\phi_n)_2=(f_k,\phi_n)_2-(f,\phi_n)_2=\alpha_{k,n}-\alpha_n,$$

となるからである. f_k-f にベッセルの不等式を使うと,

$$\sum_{n=-\infty}^{\infty}|\alpha_{k,n}-\alpha_n|^2\leqq\|f_k-f\|_2^2. \tag{2.34}$$

次のヒルベルト空間 H とノルム $\|\cdot\|_H$ を定義する.

$$H=\left\{t=\{t_n\}_{n=-\infty}^{\infty}:\ t_n\in\mathbb{C},\ \sum_{-\infty}^{\infty}|t_n|^2<\infty\right\},$$

$$\|t\|_H=\left(\sum_{-\infty}^{\infty}|t_n|^2\right)^{1/2}\qquad(t=\{t_n\}_{n=-\infty}^{\infty}).$$

$\xi_k = \{\alpha_{k,n}\}_{n=-\infty}^{\infty}$, $\xi = \{\alpha_n\}_{n=-\infty}^{\infty}$ とおく. (2.32), (2.33) より ξ_k と ξ は H に属する. (2.34) より

$$\|\xi_k - \xi\|_H = \left(\sum_{n=-\infty}^{\infty} |\alpha_{k,n} - \alpha_n|^2 \right)^{1/2} \leqq \|f_k - f\|_2 \to 0 \quad (k \to \infty)$$

である. よって, $|\|\xi_k\|_H - \|\xi\|_H| \leqq \|\xi_k - \xi\|_H \to 0$ $(k \to \infty)$ となる. これは, $\|\xi_k\|_H \to \|\xi\|_H$ を意味する. ゆえに, $\|\xi_k\|_H^2 \to \|\xi\|_H^2$ が成り立つ. 成分を使って書くと $\lim_{k\to\infty} \sum_{n=-\infty}^{\infty} |\alpha_{k,n}|^2 = \sum_{n=-\infty}^{\infty} |\alpha_n|^2$ である. この式を使って, (2.32) において $k \to \infty$ とすると,

$$\|f\|_2^2 = \sum_{-\infty}^{\infty} |\alpha_n|^2$$

が得られる. すなわち, f はパーセバルの等式を満たす.

結局, L^2 に属するすべての関数に対してパーセバルの等式が成り立つ. 従って, 定理 2.6 より $\{\phi_n\}$ は完全正規直交系である. 証明終. □

次に $L^2((-\pi, \pi), \mathbb{R})$ における完全正規直交基底を $\sin nx$, $\cos nx$ を使って求める.

定理 2.10.

$$\left\{ \frac{1}{\sqrt{2\pi}},\ \frac{1}{\sqrt{\pi}} \sin nx,\ \frac{1}{\sqrt{\pi}} \cos nx :\ n = 1, 2, 3, \ldots \right\}$$

は $L^2((-\pi, \pi), \mathbb{R})$ の完全正規直交基底である.

証明.

$$\phi_0 = \frac{1}{\sqrt{2\pi}}, \quad \phi_n = \frac{1}{\sqrt{\pi}} \cos nx, \quad \psi_n = \frac{1}{\sqrt{\pi}} \sin nx, \tag{2.35}$$

とおく. それぞれの長さが 1 である (すなわち, L^2 ノルムが 1 である) ことを示す. 直接計算により,

$$\|\phi_0\|_2^2 = \int_{-\pi}^{\pi} \phi_0^2 dx = \int_{-\pi}^{\pi} \frac{1}{2\pi} dx = 1.$$

$$\|\phi_n\|_2^2 = \int_{-\pi}^{\pi} \frac{1}{\pi}\cos^2 nx dx = \frac{2}{\pi}\int_0^{\pi} \frac{1+\cos 2nx}{2} dx$$
$$= \frac{2}{\pi}\left[\frac{1}{2}x + \frac{1}{4n}\sin 2nx\right]_0^{\pi} = 1.$$

同様にして, $\|\psi_n\|_2^2 = 1$. 次に, ϕ_0, ϕ_n, ψ_n が互いに直交すること (L^2 内積が 0 になること) を示す.

$$(\phi_0, \phi_n)_2 = \int_{-\pi}^{\pi} \phi_0(x)\phi_n(x)dx = \frac{1}{\sqrt{2}\,\pi}\int_{-\pi}^{\pi} \cos nx dx = 0.$$

同様にして, $(\phi_0, \psi_n)_2 = 0$ も成り立つ. $\cos nx \sin mx$ は奇関数なので, すべての n, m に対して

$$(\phi_n, \psi_m)_2 = \frac{1}{\pi}\int_{-\pi}^{\pi} \cos nx \sin mx dx = 0.$$

$n \neq m$ のとき (1.6) より, $(\phi_n, \phi_m)_2 = 0$. $n \neq m$ のとき (1.7) より, $(\psi_n, \psi_m)_2 = 0$. 以上により, $\{\phi_0, \phi_n, \psi_n\}_{n=1}^{\infty}$ は正規直交系である. 次にこれが完全系になることを示す. すなわち, $u \in L^2((-\pi,\pi),\mathbb{R})$ が

$$(u, \phi_0)_2 = (u, \phi_n)_2 = (u, \psi_n)_2 = 0 \quad (n = 1, 2, 3, \ldots), \tag{2.36}$$

を満たすならば, $u \equiv 0$ になることを示す. (2.36) を使って, u と e^{inx} の L^2 内積を計算すると,

$$(u, e^{inx})_2 = \int_{-\pi}^{\pi} u(x)\overline{e^{inx}}dx$$
$$= \int_{-\pi}^{\pi} u(x)\cos nx dx - i\int_{-\pi}^{\pi} u(x)\sin nx dx = 0.$$

よって, $u(x)$ はすべての e^{inx} と直交する. 定理 2.9 より $u(x) \equiv 0$ である. 従って, $\phi_0(x)$, $\phi_n(x)$, $\psi_n(x)$ は完全正規直交系である. 証明終. □

ϕ_0, ϕ_n, ψ_n を (2.35) のように定義する. このとき, 定理 2.6 と定理 2.10 により次の定理が得られる.

定理 2.11. 任意の $f \in L^2((-\pi,\pi),\mathbb{R})$ に対して, $\ell^2(\mathbb{R})$ に属するある実数列 $\{\alpha_n\}_{n=0}^{\infty}$, $\{\beta_n\}_{n=1}^{\infty}$ がただ1組存在して,

$$\begin{aligned} f &= \sum_{n=0}^{\infty} \alpha_n \phi_n + \sum_{n=1}^{\infty} \beta_n \psi_n \\ &= \frac{1}{\sqrt{2\pi}}\alpha_0 + \sum_{n=1}^{\infty} \frac{\alpha_n}{\sqrt{\pi}} \cos nx + \sum_{n=1}^{\infty} \frac{\beta_n}{\sqrt{\pi}} \sin nx \end{aligned} \tag{2.37}$$

が成り立つ. 正確には,

$$\left\| f - \left(\sum_{n=0}^{k} \alpha_n \phi_n + \sum_{n=1}^{k} \beta_n \psi_n \right) \right\|_2 \longrightarrow 0 \quad (k \to \infty). \tag{2.38}$$

さらに, 次のパーセバルの等式が成り立つ.

$$\|f\|_2^2 = \sum_{n=0}^{\infty} \alpha_n^2 + \sum_{n=1}^{\infty} \beta_n^2. \tag{2.39}$$

この定理において,

$$a_0 = \frac{2}{\sqrt{2\pi}}\alpha_0, \quad a_n = \frac{\alpha_n}{\sqrt{\pi}}, \quad b_n = \frac{\beta_n}{\sqrt{\pi}}, \tag{2.40}$$

とおくと, (2.37) は,

$$f(x) = \frac{a_0}{2} + \sum_{n=1}^{\infty} (a_n \cos nx + b_n \sin nx)$$

となり, 今まで扱ってきたフーリエ級数の形になっている. また, (2.40) より, **パーセバルの等式** (2.39) は, 次の形になる.

$$\frac{1}{\pi}\|f\|_2^2 = \frac{1}{\pi}\int_{-\pi}^{\pi} f(x)^2 dx = \frac{1}{2}a_0^2 + \sum_{n=1}^{\infty} (a_n^2 + b_n^2). \tag{2.41}$$

フーリエ級数は, $L^2((-\pi,\pi),\mathbb{R})$ の基底として,

$$\left\{ \frac{1}{\sqrt{2\pi}},\ \frac{1}{\sqrt{\pi}} \sin nx,\ \frac{1}{\sqrt{\pi}} \cos nx :\ n = 1, 2, 3, \ldots \right\}$$

を選んだときの，$L^2((-\pi,\pi),\mathbb{R})$ に属する関数の基底による展開である．これは，例えて言うならば，$\mathbb{R}^N$ の座標軸を指定したときの，点 $x \in \mathbb{R}^N$ の座標表示 $x = (x_1, x_2, \ldots, x_N)$ と同じようなものである．$L^2((-\pi,\pi),\mathbb{R})$ の中において，無限個の単位ベクトルを

$$\phi_0 = \frac{1}{\sqrt{2}}, \quad \phi_n = \frac{1}{\sqrt{\pi}} \cos nx, \quad \psi_n = \frac{1}{\sqrt{\pi}} \sin nx, \quad (n = 1, 2, 3, \ldots).$$

として選び，各ベクトルの方向に座標軸を設定する． そのとき，$L^2((-\pi,\pi),\mathbb{R})$ に無限個の座標軸を決めたことになる． このときの，$f \in L^2((-\pi,\pi),\mathbb{R})$ の座標表示 (成分表示) がフーリエ級数になる．

それでは，フーリエ正弦級数や余弦級数は，どのようになるのであろうか． $L^2((-\pi,\pi),\mathbb{R})$ に属する偶関数の全体を $L_e^2((-\pi,\pi),\mathbb{R})$ と表し，$L^2((-\pi,\pi),\mathbb{R})$ に属する奇関数の全体を $L_o^2((-\pi,\pi),\mathbb{R})$ と表す．ここで，添え字に e, o を使ったのは，even function (偶関数), odd functin (奇関数) の頭文字を取って，こう名付けただけである．(特に，この記号が慣例的に使われているというわけではない.) $L_e^2((-\pi,\pi),\mathbb{R})$, $L_o^2((-\pi,\pi),\mathbb{R})$ はそれぞれ $L^2((-\pi,\pi),\mathbb{R})$ の閉線形部分空間になる．すなわち，閉部分集合かつ線形部分空間である．さらに $L^2((-\pi,\pi),\mathbb{R})$ は，$L_e^2((-\pi,\pi),\mathbb{R})$ と $L_o^2((-\pi,\pi),\mathbb{R})$ の直和に直交分解される．すなわち，

$$L^2((-\pi,\pi),\mathbb{R}) = L_e^2((-\pi,\pi),\mathbb{R}) \oplus L_o^2((-\pi,\pi),\mathbb{R}), \tag{2.42}$$

である．これを証明しよう．簡単のため，L_e^2, L_o^2 の記号を使うことにする．$v \in L_e^2$, $w \in L_o^2$ のとき，$v(x)w(x)$ は奇関数なので区間 $(-\pi,\pi)$ における積分は 0 になる．すなわち，$(v,w)_2 = 0$ であり v と w は直交する．次に，$u \in L^2((-\pi,\pi),\mathbb{R})$ のとき，

$$v(x) = \frac{u(x) + u(-x)}{2}, \quad w(x) = \frac{u(x) - u(-x)}{2},$$

として $v(x)$, $w(x)$ を定義すると，$v \in L_e^2$, $w \in L_o^2$ であり，$u = v + w$ となる．すなわち，任意の L^2 関数 u は奇関数と偶関数の和として表すことがで

きる. L_e^2 と L_o^2 は互いに直交補空間になるため, $u = v + w$ の表示は一意である. しかし, 念のために確認しておこう. $u = v + w = V + W$ であると仮定する. ただし, v, V は偶関数, w, W は奇関数とすると, $v - V = W - w$ となり左辺は奇関数であり, 右辺は偶関数なので, 両辺ともに0になる. すなわち, $v = V$, $w = W$ となり $u = v + w$ の表示は一意である. 従って, (2.42) が成り立つ.

定理 2.12. 次の関数列 (2.43) は $L_e^2((-\pi, \pi), \mathbb{R})$ における完全正規直交基底であり, (2.44) は $L_o^2((-\pi, \pi), \mathbb{R})$ における完全正規直交基底である.

$$\left\{ \frac{1}{\sqrt{2\pi}},\ \frac{1}{\sqrt{\pi}} \cos nx :\ n = 1, 2, 3, \ldots \right\}, \tag{2.43}$$

$$\left\{ \frac{1}{\sqrt{\pi}} \sin nx :\ n = 1, 2, 3, \ldots \right\}. \tag{2.44}$$

証明. これらが正規直交系であることは, 定理 2.10 で既に証明した. (2.43) が $L_e^2((-\pi, \pi), \mathbb{R})$ において完全系になることを示そう. ϕ_0, ϕ_n, ψ_n を (2.35) のとおりとする. $u \in L_e^2((-\pi, \pi), \mathbb{R})$ が次の式を満たしていると仮定する.

$$(u, \phi_0)_2 = (u, \phi_n)_2 = 0 \quad (n = 1, 2, 3, \ldots). \tag{2.45}$$

$u(x)$ は偶関数, $\sin nx$ は奇関数なので, $u(x) \sin nx$ は奇関数になる. 従ってこの関数の $(-\pi, \pi)$ 上での積分は0になる. すなわち,

$$(u, \psi_n)_2 = \int_{-\pi}^{\pi} u(x) \frac{1}{\sqrt{\pi}} \sin nx dx = 0.$$

この式と (2.45) により u はすべての ϕ_0, ϕ_n, ψ_n と直交している. 定理 2.10 により $u \equiv 0$ となる. したがって, $\{\phi_n\}_{n=0}^{\infty}$ は, $L_e^2((-\pi, \pi), \mathbb{R})$ において完全正規直交基底である. 同様にすれば, $\{\psi_n\}_{n=1}^{\infty}$ は, $L_o^2((-\pi, \pi), \mathbb{R})$ において完全正規直交基底になることが証明できる. 証明終. □

定理 2.12 と定理 2.6 により次の定理が得られる.

定理 2.13. ϕ_0, ϕ_n, ψ_n を (2.35) のとおりとする.

(i) 任意の $u \in L^2_e((-\pi,\pi),\mathbb{R})$ に対して，ある実数列 $\{\alpha_n\}_{n=0}^{\infty} \in \ell^2(\mathbb{R})$ がただ 1 つ存在して次の式が成り立つ．ただし，次の第 1 式の等号は (2.38) と同様に L^2 の意味である．

$$u = \sum_{n=0}^{\infty} \alpha_n \phi_n = \frac{1}{\sqrt{2\pi}}\alpha_0 + \sum_{n=1}^{\infty} \frac{\alpha_n}{\sqrt{\pi}} \cos nx, \qquad \|u\|_2^2 = \sum_{n=0}^{\infty} \alpha_n^2.$$

(ii) 任意の $u \in L^2_o((-\pi,\pi),\mathbb{R})$ に対して，ある実数列 $\{\beta_n\}_{n=1}^{\infty} \in \ell^2(\mathbb{R})$ がただ 1 つ存在して，次の式が成り立つ．ただし，第 1 式の等号は L^2 の意味である．

$$u = \sum_{n=1}^{\infty} \beta_n \psi_n = \sum_{n=1}^{\infty} \frac{\beta_n}{\sqrt{\pi}} \sin nx, \qquad \|u\|_2^2 = \sum_{n=1}^{\infty} \beta_n^2.$$

上の (i),(ii) は偶関数，奇関数はそれぞれ余弦級数展開，正弦級数展開できることを示している．定理 2.6 と定理 2.9 より次の定理が得られる．

定理 2.14. 任意の $f \in L^2((-\pi,\pi),\mathbb{C})$ に対して，$\ell^2(\mathbb{C})$ に属するある複素数列 $\{\gamma_n\}_{n=-\infty}^{\infty}$ がただ 1 つ存在して，次の式が成り立つ．

$$f(x) = \sum_{n=-\infty}^{\infty} \frac{\gamma_n}{\sqrt{2\pi}} e^{inx}. \qquad \|f\|_2^2 = \sum_{n=-\infty}^{\infty} |\gamma_n|^2.$$

第 1 式の等号は L^2 の意味である．特に，$c_n = \gamma_n/\sqrt{2\pi}$ とおくと，複素形式のフーリエ級数とパーセバルの等式が次のように得られる．

$$f(x) = \sum_{n=-\infty}^{\infty} c_n e^{inx}. \qquad \|f\|_2^2 = 2\pi \sum_{n=-\infty}^{\infty} |c_n|^2.$$

パーセバルの等式を応用して，いくつかの級数の値を求めよう．

例題 2.1. $f(x) = x\ (-\pi < x < \pi)$ を周期 2π の周期関数に拡張して，パーセバルの等式を用いて，$\sum_{n=1}^{\infty} 1/n^2$ の値を求めよ．

$f(x)$ は奇関数なので, $a_n = 0$, $(n = 0, 1, 2, 3, \ldots)$ となる. b_n を計算する.

$$\begin{aligned}
b_n &= \frac{1}{\pi}\int_{-\pi}^{\pi} f(x)\sin nx dx = \frac{2}{\pi}\int_0^{\pi} x \sin nx dx \\
&= \frac{2}{\pi}\int_0^{\pi} x\left(-\frac{1}{n}\cos nx\right)' dx \\
&= \frac{2}{\pi}\left\{\left[x\left(-\frac{1}{n}\cos nx\right)\right]_0^{\pi} + \frac{1}{n}\int_0^{\pi}\cos nx dx\right\} \\
&= \frac{2}{\pi}\left\{-\frac{\pi}{n}\cos n\pi + \frac{1}{n}\left[\frac{1}{n}\sin nx\right]_0^{\pi}\right\} \\
&= -\frac{2}{n}\cos n\pi = \frac{2}{n}(-1)^{n+1}
\end{aligned}$$

ここで, $\cos n\pi = (-1)^n$ を使った. ゆえに

$$f(x) \sim 2\sum_{n=1}^{\infty}\frac{(-1)^{n+1}}{n}\sin nx.$$

パーセバルの等式 (2.41) を使う. $a_n = 0$, $(n = 0, 1, 2, \ldots)$ なので (2.41) は次の式になる.

$$\frac{1}{\pi}\int_{-\pi}^{\pi}|f(x)|^2 dx = \sum_{n=1}^{\infty} b_n^2.$$

この式に $f(x) = x$, $b_n = 2(-1)^{n+1}/n$ を代入すると,

$$\frac{2}{3}\pi^2 = \sum_{n=1}^{\infty}\frac{4}{n^2}.$$

よって, $\sum_{n=1}^{\infty} 1/n^2 = \pi^2/6$ となる.

例題 2.2. $f(x) = |x|$ $(-\pi < x < \pi)$ を周期 2π の周期関数に拡張して, パーセバルの等式を用いて, $\sum_{n=1}^{\infty} 1/n^4$, $\sum_{n=1}^{\infty} 1/(2n-1)^4$ の値を求めよ.

この関数は, 例題 1.3 で扱った関数と同じである. $f(x)$ は偶関数なので, $b_n = 0$ となる. 例題 1.3 で計算したように, $a_0 = \pi$ であり,

$$a_n = \begin{cases} 0, & (n = 2m \text{ のとき}), \\ -\dfrac{4}{(2m-1)^2\pi}, & (n = 2m-1 \text{ のとき}), \end{cases}$$

となる．これらを (2.41) に代入する．このとき次式が得られる．

$$\frac{2}{3}\pi^2 = \frac{\pi^2}{2} + \sum_{m=1}^{\infty} \frac{16}{\pi^2(2m-1)^4}.$$

これを整理して，

$$\sum_{n=1}^{\infty} \frac{1}{(2n-1)^4} = \frac{\pi^4}{96}. \tag{2.46}$$

次に

$$I = \sum_{n=1}^{\infty} \frac{1}{n^4}, \quad J = \sum_{n=1}^{\infty} \frac{1}{(2n-1)^4}, \quad K = \sum_{n=1}^{\infty} \frac{1}{(2n)^4},$$

とおく．明らかに $K = I/16$, $I = J+K$ が成り立つ．ゆえに, $I = (16/15)J$, $K = J/15$ が得られる．これらの式と (2.46) を合わせると，

$$I = \frac{\pi^4}{90}, \quad J = \frac{\pi^4}{96}, \quad K = \frac{\pi^4}{1440}.$$

第3章

有限区間における偏微分方程式

3.1 熱方程式

熱方程式をフーリエの方法で解こう．太さが一定で均質な材質でできた，長さ l の細い鉄の棒に伝わる熱の伝導を考える．ただし，棒の途中から熱は外に出入りをしないものと仮定する．そのようなことを実現するには，棒の周りを断熱材で覆ってやればよい．棒の両端での熱の出入りは後で考える．簡単のため，比熱，熱伝導率，密度は一定とする．棒の方向に x 軸をとる．点 x，時刻 t における棒の温度を $u(x,t)$ とする．棒の長さは l なので，x の範囲は $0 \leqq x \leqq l$ である．

熱方程式を導こう．熱は，温度の高い方から低い方へ温度勾配 $\partial u/\partial x$ に比例して伝わる．今，棒の中の短い区間 $I = [x_0, x_0 + \Delta x]$ と時刻 t_0 を任意に固定する．時刻 t_0 から時刻 $t_0 + \Delta t$ までの短い時間帯で区間 I の熱量の出入りを観測する．時刻 t_0 から時刻 $t_0 + \Delta t$ の間に点 $x = x_0$ を通って左から区間 I に流れ込む熱量は，

$$-a\Delta t \frac{\partial u}{\partial x}(x_0, t_0)$$

となる. ただし, a は, 熱伝導率である. 同じように $x = x_0 + \Delta x$ の点で右から区間 I の中に流れ込む熱量は,

$$a\Delta t \frac{\partial u}{\partial x}(x_0 + \Delta x, t_0)$$

となる. したがって, 時刻 t_0 から時刻 $t_0 + \Delta t$ までの間に, 区間 I に流れ込む熱量の総量は, 上の 2 つの量を合わせた次の値になる.

$$a\Delta t \left\{ \frac{\partial u}{\partial x}(x_0 + \Delta x, t_0) - \frac{\partial u}{\partial x}(x_0, t_0) \right\}. \tag{3.1}$$

一方で, 密度を ρ とすると, 区間 I の質量は $\rho\Delta x$ となる. 時刻 t_0 から時刻 $t_0 + \Delta t$ の間に区間 I に流れ込む熱量は, 温度変化と比熱と質量をかけたものになる. したがって, 比熱を b とするとき, 区間 I に流れ込む熱量は,

$$b\rho\Delta x \left\{ u(x_0, t_0 + \Delta t) - u(x_0, t_0) \right\} \tag{3.2}$$

となる. (3.1) と (3.2) が等しいので,

$$\begin{aligned} &b\rho\Delta x \left\{ u(x_0, t_0 + \Delta t) - u(x_0, t_0) \right\} \\ &\quad = a\Delta t \left\{ \frac{\partial u}{\partial x}(x_0 + \Delta x, t_0) - \frac{\partial u}{\partial x}(x_0, t_0) \right\}. \end{aligned}$$

この両辺を $\Delta x \Delta t$ で割り, $\Delta x \to 0$, $\Delta t \to 0$ とすると,

$$b\rho \frac{\partial u}{\partial t}(x_0, t_0) = a \frac{\partial^2 u}{\partial x^2}(x_0, t_0)$$

となる. $c = a/b\rho$ とおくとき, x_0 と t_0 は任意の点なので, 上の式は次の方程式に帰着される.

$$\frac{\partial u}{\partial t} = c \frac{\partial^2 u}{\partial x^2} \qquad (x, t) \in (0, l) \times (0, \infty). \tag{3.3}$$

さらに, 時刻 $t = 0$ のときの温度分布を $f(x)$ とするとき,

$$u(x, 0) = f(x), \qquad x \in [0, l], \tag{3.4}$$

となる．方程式 (3.3) を**熱方程式 (熱伝導方程式)** といい, (3.4) を**初期条件**という．ここでの問題は,「関数 $f(x)$ が与えられたときに, 解 $u(x,t)$ を見つけなさい」というものである．

このままでは, 解は一つに定まらない．棒の両端の様子がわからないからである．両端に氷を押し付けて, 冷やすと,

$$u(0,t) = u(l,t) = 0, \quad t > 0, \tag{3.5}$$

となる．また, 両端に断熱材をおいて, 両端からの熱の出入りがないようにしてやると,

$$\frac{\partial u}{\partial x}(0,t) = \frac{\partial u}{\partial x}(l,t) = 0, \quad t > 0, \tag{3.6}$$

となる．もしこの棒が, やわらかい針金でできていたら, 丸く曲げて円を作り両端を合わせてやる．このとき, 針金は丸い輪になる．このときの条件は,

$$u(0,t) = u(l,t), \qquad \frac{\partial u}{\partial x}(0,t) = \frac{\partial u}{\partial x}(l,t), \quad t > 0, \tag{3.7}$$

となる．条件 (3.5)–(3.7) を**境界条件**という．(3.5) を**ディリクレ境界条件**, (3.6) を**ノイマン境界条件**, (3.7) を**周期境界条件**という．方程式 (3.3), (3.4) にこれらの境界条件のうちの 1 つを組み合わせると解がただ一つ決まる．一意性は, 後で証明する．解を表示するためにフーリエの方法を使う．まず初期条件, 境界条件を考えないで, (3.3) のみを解く．次の形の関数を**変数分離形**という．

$$u(x,t) = v(x)w(t). \tag{3.8}$$

熱方程式の解を変数分離形で探そう．上の関数を (3.3) に代入すると,

$$vw_t = cv_{xx}w$$

となる．上の方程式に現れる記号 w_t は $\partial w/\partial t$ と同じものである．もちろん v_{xx} は $\partial^2 v/\partial x^2$ を表している．上の式の両辺を cvw で割ると,

$$\frac{w_t(t)}{cw(t)} = \frac{v_{xx}(x)}{v(x)},$$

となる．左辺は t のみの関数であり，右辺は x のみの関数なので，この両辺は定数になる．それを $-\lambda$ とおく．

$$\frac{w_t(t)}{cw(t)} = \frac{v_{xx}(x)}{v(x)} = -\lambda. \tag{3.9}$$

λ の前に，マイナス符号をつけているのは，後々の計算の都合のためである．上の式を書き直すと，

$$w_t(t) + \lambda cw(t) = 0, \tag{3.10}$$

$$v_{xx}(x) + \lambda v(x) = 0. \tag{3.11}$$

もとの方程式 (3.3) は偏微分方程式であり，解くことが困難であるが，(3.10), (3.11) は常微分方程式であり，特性方程式を利用すれば容易に解くことができる．これが変数分離形になおした理由である．(3.10) の常微分方程式を解くと，

$$w(t) = ae^{-\lambda ct}, \quad (a \in \mathbb{R} \text{ は任意定数}). \tag{3.12}$$

次に，(3.11) を解くと，

$$v(x) = \begin{cases} \alpha e^{\sqrt{|\lambda|}\,x} + \beta e^{-\sqrt{|\lambda|}\,x} & (\lambda < 0 \text{ のとき}) \\ \alpha x + \beta & (\lambda = 0 \text{ のとき}) \\ \alpha \cos\sqrt{\lambda}\,x + \beta \sin\sqrt{\lambda}\,x & (\lambda > 0 \text{ のとき}), \end{cases} \tag{3.13}$$

となる．ただし，α, β は任意定数である．これで (3.3) の変数分離形の解がすべて求まった．

次に境界条件を 1 つ指定して，その条件を満たす解を求めよう．今，(3.7) の場合を考えてみる．計算を簡単にするために $l = 2\pi$ とする．(3.7) に，$l = 2\pi$ と $u(x,t) = v(x)w(t)$ を代入する．このとき，次の式が出る．

$$v(0)w(t) = v(2\pi)w(t), \quad v_x(0)w(t) = v_x(2\pi)w(t).$$

今，$w(t) \neq 0$ なる解を探すので，上の式は，

$$v(0) = v(2\pi), \quad v_x(0) = v_x(2\pi), \tag{3.14}$$

となる．この式を満たす v で $v \neq 0$ なるもの (非自明解) を探す．λ の符号に応じて 3 つの場合に分ける．

(i) $\lambda < 0$ の場合．このとき (3.13) より $v(x) = \alpha e^{\sqrt{|\lambda|}\,x} + \beta e^{-\sqrt{|\lambda|}\,x}$ である．これを (3.14) に代入すると，

$$\alpha + \beta = \alpha e^{2\pi\sqrt{|\lambda|}} + \beta e^{-2\pi\sqrt{|\lambda|}},$$
$$\alpha - \beta = \alpha e^{2\pi\sqrt{|\lambda|}} - \beta e^{-2\pi\sqrt{|\lambda|}},$$

が得られる．辺々を加えると，$2\alpha = 2\alpha e^{2\pi\sqrt{|\lambda|}}$ となり，$e^{2\pi\sqrt{|\lambda|}} > 1$ なので $\alpha = 0$ となる．$\beta = 0$ も同様にして得られる．したがって，この場合は非自明解 ($v \not\equiv 0$ なる解) は存在しない．

(ii) $\lambda = 0$ の場合．(3.13) より $v(x) = \alpha x + \beta$ である．これを (3.14) に代入すると，$\beta = 2\pi\alpha + \beta,\quad \alpha = \alpha$ となる．ゆえに $\alpha = 0$ で β は任意の実数である．したがって，$v \equiv \beta =$ 定数 の解が求まる．

(iii) $\lambda > 0$ の場合．(3.13) より $v(x) = \alpha\cos\sqrt{\lambda}\,x + \beta\sin\sqrt{\lambda}\,x$ である．これを (3.14) に代入すると，

$$\alpha = \alpha\cos 2\pi\sqrt{\lambda} + \beta\sin 2\pi\sqrt{\lambda}$$
$$\beta = -\alpha\sin 2\pi\sqrt{\lambda} + \beta\cos 2\pi\sqrt{\lambda}.$$

これを行列を使って書きなおす．

$$\begin{pmatrix} \cos 2\pi\sqrt{\lambda} - 1 & \sin 2\pi\sqrt{\lambda} \\ -\sin 2\pi\sqrt{\lambda} & \cos 2\pi\sqrt{\lambda} - 1 \end{pmatrix} \begin{pmatrix} \alpha \\ \beta \end{pmatrix} = \begin{pmatrix} 0 \\ 0 \end{pmatrix}.$$

これが $(\alpha, \beta) \neq (0, 0)$ なる解をもってほしいのである．そうなるための必要十分条件は，上に出てきた行列の行列式が 0 になることである．従って，

$$(\cos 2\pi\sqrt{\lambda} - 1)^2 + \sin^2 2\pi\sqrt{\lambda} = 0.$$

よって，$\cos 2\pi\sqrt{\lambda} = 1$, $\sin 2\pi\sqrt{\lambda} = 0$ となり，

$$\lambda = n^2, \qquad (n = 1, 2, 3, \ldots,),$$

となる．この特別な λ の値と (ii) で求めた $\lambda = 0$ に対してのみ，(3.11), (3.14) は非自明解を持つ．これらの値は (3.11), (3.14) の

固有値と呼ばれている．$\lambda = n^2$ のとき (3.13) の $v(x)$ は，$v(x) = \alpha \cos nx + \beta \sin nx$ となる．これは**固有関数**と呼ばれている．

以上 (i)–(iii) をまとめると，(3.11)，(3.14) が非自明解を持つのは，

$$v_0(x) = \alpha_0, \qquad \lambda_0 = 0,$$
$$v_n(x) = \alpha_n \cos nx + \beta_n \sin nx, \qquad \lambda_n = n^2,$$

の場合である．ここで，α_0, α_n, β_n は任意定数である．この関数と (3.12) で求めた関数 $w(t)$ を考え合わせる．$w(t)$ に出てくる λ と上に出てくる λ_n は同じものであることに注意する．このとき，

$$u_0(x,t) = \alpha_0, \qquad u_n(x,t) = e^{-cn^2t}(\alpha_n \cos nx + \beta_n \sin nx), \tag{3.15}$$

である．これらの u_n が (3.3) と $l = 2\pi$ としたときの (3.7) の両方を満たす変数分離形の解である．一般に，関数 $U_1(x,t)$, $U_2(x,t)$ が (3.3)，(3.7) を満たすとき，それらを加えたもの $U_1(x,t) + U_2(x,t)$ も同じ方程式を満たすことがすぐ分かる．これは，**重ね合わせの原理**と呼ばれる．方程式の線形性によるものである．そこで，無限個の u_n をすべて加える．

$$u(x,t) = \sum_{n=0}^{\infty} u_n(x,t) = \alpha_0 + \sum_{n=1}^{\infty} e^{-cn^2t}(\alpha_n \cos nx + \beta_n \sin nx). \tag{3.16}$$

これも，やはり (3.3)，(3.7) の解になる．最後にこの解が，初期条件 (3.4) を満たすかどうか考える．この関数を (3.4) に代入すると，

$$u(x,0) = \alpha_0 + \sum_{n=1}^{\infty} (\alpha_n \cos nx + \beta_n \sin nx) = f(x). \tag{3.17}$$

もし，これが成り立つように数列 $\{\alpha_n\}_{n=0}^{\infty}$, $\{\beta_n\}_{n=1}^{\infty}$ を選ぶことができたならば，そのとき $u(x,t)$ は (3.3)，(3.4)，(3.7) をすべて満たして，解が求められたことになる．方程式 (3.17) は $f(x)$ のフーリエ級数である．従って，もし $f(x)$ がフーリエ級数に展開できたならば，そのときの係数 $\{\alpha_n\}_{n=0}^{\infty}$, $\{\beta_n\}_{n=1}^{\infty}$ を使って，(3.16) により $u(x,t)$ を定義すればよいことになる．

では次に他の境界条件の場合に, 解がどのようになるかを考える. 境界条件 (3.5) を扱う. 計算を簡単にするために $l=\pi$ とする. (3.5) に $l=\pi$, $u(x,t)=v(x)w(t)$ を代入する.

$$v(0)w(t)=v(\pi)w(t)=0.$$

$w(t)\not\equiv 0$ の場合は,

$$v(0)=v(\pi)=0 \tag{3.18}$$

となる. (3.13) の $v(x)$ のうちで, 上の式を満たす非自明解を探す. $\lambda<0$ の場合は,

$$\alpha+\beta=0, \quad \alpha e^{\pi\sqrt{|\lambda|}}+\beta e^{-\pi\sqrt{|\lambda|}}=0,$$

となる. 第1式より $\beta=-\alpha$ となり, これを第2式に代入して, $\alpha(e^{\pi\sqrt{|\lambda|}}-e^{-\pi\sqrt{|\lambda|}})=0$ となる. よって, $\alpha=\beta=0$ となり, 非自明解はない. $\lambda=0$ のときは, (3.13) の $v(x)$ を (3.18) に代入して $\alpha=\beta=0$ が出る. $\lambda>0$ のとき, (3.13) の $v(x)$ を (3.18) に代入して,

$$\alpha=0, \quad \alpha\cos\pi\sqrt{\lambda}+\beta\sin\pi\sqrt{\lambda}=0,$$

が出る. $\alpha=0$ なので, $\beta\neq 0$ となる解を探す. このとき, $\sin\pi\sqrt{\lambda}=0$ となり,

$$\lambda=n^2, \qquad (n=1,2,3,\ldots,), \tag{3.19}$$

が得られる. これが (3.11), (3.18) の固有値である. 従って, $v(x)=\beta\sin nx$ となり, $v(x)$ と $w(t)$ をかけたものは,

$$u_n(x,t)=\beta_n e^{-cn^2t}\sin nx, \quad (n=1,2,3,\ldots,),$$

となる. 重ね合わせの原理により,

$$u(x,t)=\sum_{n=1}^{\infty}u_n(x,t)=\sum_{n=1}^{\infty}\beta_n e^{-cn^2t}\sin nx, \tag{3.20}$$

が (3.3), (3.5) の解になる．最後に初期条件 (3.4) を考慮して,

$$u(x,0)=\sum_{n=1}^{\infty}\beta_n \sin nx = f(x), \tag{3.21}$$

が成り立つように $\{\beta_n\}_{n=1}^{\infty}$ をとることができれば, (3.20) で定義した $u(x,t)$ は (3.3), (3.4), (3.5) の解になる．(3.21) の級数は $f(x)$ のフーリエ正弦級数である．

次に, 境界条件 (3.6) を考える．今度も $l=\pi$ とする．$u(x,t)=v(x)w(t)$ を (3.6) に代入して,

$$\frac{\partial v}{\partial x}(0)=\frac{\partial v}{\partial x}(\pi)=0,$$

が出る．(3.13) の解 $v(x)$ をこれに代入する．$\lambda<0$ のときは,

$$\alpha-\beta=0, \quad \alpha e^{\pi\sqrt{|\lambda|}}-\beta e^{-\pi\sqrt{|\lambda|}}=0,$$

となる．第 1 式より $\beta=\alpha$. これを第 2 式に代入して, $\alpha(e^{\pi\sqrt{|\lambda|}}-e^{-\pi\sqrt{|\lambda|}})=0$ となり $\alpha=\beta=0$ が出る．ゆえに非自明解はない．$\lambda=0$ のとき, $v'(0)=v'(\pi)=\alpha=0$ より, $\alpha=0$ で β は任意の実数となる．このとき, $v(x)\equiv\beta=$ 定数 は (3.6) の解である．$\lambda>0$ のとき,

$$v'(0)=\sqrt{\lambda}\beta=0, \quad v'(\pi)=\sqrt{\lambda}(-\alpha\sin\pi\sqrt{\lambda}+\beta\cos\pi\sqrt{\lambda})=0,$$

となり, $\beta=0$ なので, $\alpha\neq 0$ なる解を探す．このとき $\sin\pi\sqrt{\lambda}=0$. ゆえに, $\lambda=n^2$ $(n=1,2,3\ldots)$ である．このとき, $v(x)=\alpha\cos nx$ である．$v(x)\equiv$ 定数 も解なので, $w(t)$ と $v(x)$ をかけて,

$$u_0(x,t)=\alpha_0, \quad u_n(x,t)=\alpha_n e^{-cn^2t}\cos nx,$$

が得られる．さらに重ね合わせの原理により,

$$u(x,t)=\sum_{n=0}^{\infty}u_n(x,t)=\alpha_0+\sum_{n=1}^{\infty}\alpha_n e^{-cn^2t}\cos nx, \tag{3.22}$$

が (3.3), (3.6) の解である．初期条件 (3.4) を考えると，

$$u(x,0) = \alpha_0 + \sum_{n=1}^{\infty} \alpha_n \cos nx = f(x), \tag{3.23}$$

となる．これが成り立つように $\{\alpha_n\}_{n=0}^{\infty}$ をとることができれば，そのとき (3.22) で定義した $u(x,t)$ は (3.3), (3.4), (3.6) の解になる．(3.23) は $f(x)$ のフーリエ余弦級数である．以上のように，ディリクレ境界条件 (3.5)，ノイマン境界条件 (3.6)，周期境界条件 (3.7) は，それぞれフーリエ正弦級数，フーリエ余弦級数，フーリエ級数に対応している．

今までの方法を振り返ってみる．まず変数分離形という非常に特殊な形の解をすべて求めて，次にそれらの中で境界条件を満たすものを選び抜く．このとき，λ は特別な数 λ_n (固有値) にのみ限定され，対応する解 $u_n(x,t)$ が具体的に表示される．これらの u_n を無限個加え合わせたものが，(3.3) と境界条件を満たす．この段階では，まだ α_n, β_n は確定していない．最後に初期条件を満たすように $f(x)$ のフーリエ級数を使って α_n, β_n を決めれば，そのとき解 $u(x,t)$ が求まる．このような筋立てになっている．これがフーリエが用いた熱方程式の解法である．

3.2 熱方程式の解法

太さが一定で均質な材質でできた丸い針金の輪を考える．この円の半径を 1 とすると，針金上の点の位置は角度 x で表される．位置 x，時刻 t における針金の温度を $u(x,t)$ と表す．このとき $u(x,t)$ は次の熱方程式を満たしている．

$$u_t = cu_{xx} \qquad (0 \leqq x \leqq 2\pi,\ t > 0), \tag{3.24}$$

$$u(0,t) = u(2\pi,t), \quad u_x(0,t) = u_x(2\pi,t), \tag{3.25}$$

$$u(x,0) = f(x). \tag{3.26}$$

ここで，c は密度，比熱，熱伝導率から決まる正定数である．また $f(x)$ は時刻 $t=0$ のときの針金の温度分布を表している．前節で予想したように (3.24),

(3.25), (3.26) の解は, 次のようになる.

定理 3.1. $f(x)$ を区分的に滑らか, 連続で周期 2π の実数値関数とする. $f(x)$ のフーリエ係数を a_0, a_n, b_n とする. このとき, (3.24), (3.25), (3.26) の解は, 次式で与えられる.

$$u(x,t) = \frac{a_0}{2} + \sum_{n=1}^{\infty}(a_n \cos nx + b_n \sin nx)e^{-cn^2 t}. \tag{3.27}$$

証明.

$$A_n(x) = a_n \cos nx + b_n \sin nx, \quad u_n(x,t) = A_n(x)e^{-cn^2 t},$$

とおくと, $u(x,t) = a_0/2 + \sum_{n=1}^{\infty} u_n(x,t)$ である. $\sum_{n=1}^{\infty} u_n(x,t)$ が $(x,t) \in [0,2\pi] \times [0,\infty)$ 上で一様収束することを証明する. $f(x)$ の複素形フーリエ級数を $f(x) = \sum_{-\infty}^{\infty} c_n e^{inx}$ とする. 定理 2.8 の証明で示したように, $\sum_{-\infty}^{\infty} |c_n| < \infty$ である. また, (1.55) より $\sqrt{a_n^2 + b_n^2} = 2|c_n|$ $(n \in \mathbb{N})$ が成り立つ. この式とシュワルツの不等式を使うと,

$$\begin{aligned} |A_n(x)| &= |a_n \cos nx + b_n \sin nx| \\ &\leqq \sqrt{a_n^2 + b_n^2}\sqrt{\cos^2 nx + \sin^2 nx} \leqq 2|c_n| \end{aligned} \tag{3.28}$$

が得られる. よって, $|u_n(x,t)| = |A_n(x)|e^{-cn^2 t} \leqq 2|c_n|$ となる. $\sum_{n=1}^{\infty} |c_n|$ は収束するので, $\sum_{n=1}^{\infty} u_n(x,t)$ は一様収束する. ゆえに, $u(x,t)$ は連続関数となる. また, 定理 1.2 より,

$$u(x,0) = \frac{a_0}{2} + \sum_{n=1}^{\infty}(a_n \cos nx + b_n \sin nx) = f(x)$$

となり, $u(x,t)$ は初期条件 (3.26) を満たす. u が項別微分可能であることを示す.

$$\frac{\partial}{\partial t} u_n(x,t) = -cn^2 A_n(x)e^{-cn^2 t}$$

である. (3.28) より, $A_n(x)$ は一様有界である. すなわち, ある $M > 0$ が存在して, すべての n と $x \in [0,2\pi]$ に対して, $|A_n(x)| \leqq M$ である. 任意に

$\varepsilon > 0$をとる．このとき，

$$\left|\frac{\partial}{\partial t}u_n(x,t)\right| \leqq cMn^2e^{-cn^2t} \leqq cMn^2e^{-cn^2\varepsilon} \quad (t \in [\varepsilon, \infty))$$

が成り立つ．右辺を M_n とおくとき，$\sum_{n=1}^{\infty} M_n$ は収束するので，$u(x,t)$ は t について項別微分可能である．微分すると，

$$\frac{\partial u}{\partial t} = \sum_{n=1}^{\infty}(-cn^2)A_n(x)e^{-cn^2t}, \quad (t \in [\varepsilon, \infty). \tag{3.29}$$

$A_n(x)$ を x について，微分すると，

$$A_n'(x) = -na_n \sin nx + nb_n \cos nx,$$
$$A_n''(x) = -n^2a_n \cos nx - n^2b_n \sin nx = -n^2A_n(x),$$

となる．$\sum_{n=1}^{\infty}|c_n|$ は収束するので，$\{c_n\}$ は有界列である．すなわち，ある $K > 0$ が存在して，すべての n に対して，$|c_n| \leqq K$ である．よって，

$$|A_n'(x)| \leqq n\sqrt{a_n^2 + b_n^2} \leqq 2n|c_n| \leqq 2Kn,$$
$$|A_n''(x)| \leqq n^2|A_n(x)| \leqq 2n^2|c_n| \leqq 2Kn^2,$$

となる．ゆえに，

$$\left|\frac{\partial}{\partial x}u_n(x,t)\right| \leqq 2Kne^{-cn^2t} \leqq 2Kne^{-cn^2\varepsilon} \quad (t \in [\varepsilon, \infty)).$$

上式の右辺を K_n とおくとき，$\sum_{n=1}^{\infty} K_n$ は収束するので，$u(x,t)$ は x について項別微分できる．同様にして，$u(x,t)$ は x について2回項別微分可能であり，

$$\frac{\partial^2 u}{\partial x^2} = \sum_{n=1}^{\infty}(-n^2)A_n(x)e^{-cn^2t}, \quad (t \in [\varepsilon, \infty)).$$

この式と (3.29) より，u は次を満たす．

$$\frac{\partial u}{\partial t} = c\frac{\partial^2 u}{\partial x^2} \quad (t \in [\varepsilon, \infty)).$$

$\varepsilon > 0$ は任意なので, 上式はすべての $t > 0$ に対して成り立つ. すなわち, u は (3.24) を満たす. 上と同じ方法で, $u(x,t)$ は x, t について無限回微分可能であることも証明できる. $u(x,t)$ が (3.25) を満たすことは明らかである. 以上より, $u(x,t)$ は (3.24)–(3.26) の解である. □

次に解がただ 1 つであることを示す. これを解の一意性という. これが示されれば (3.24), (3.25), (3.26) の解は (3.27) で表した $u(x,t)$ のみであることがわかる. 解の一意性を証明するときは, 常に 2 個の解のみを相手にする. もしかすると, (3.24), (3.25), (3.26) の解は無限に多くあるかもしれない. しかし, 無限個の解を相手にせずに, 2 個の解しか考えない. ただし, 任意に選んだ 2 個の解である. この任意の 2 つの解が一致すると, すべての解が一致することになり, 解は一つであることが分かる. 解の一意性の証明においては, ほとんどこの論法が使われる.

定理 3.2. $f(x)$ は定理 3.1 と同じ仮定を満たすものとする. このとき, (3.24), (3.25), (3.26) の解は, ただ 1 つである.

証明. (3.24)–(3.26) の解を任意に 2 つとる. それを $u_1(x,t)$, $u_2(x,t)$ と表す. このとき, すべての x, t に対して, $u_1(x,t) = u_2(x,t)$ を示せばよい. $u(x,t) = u_1(x,t) - u_2(x,t)$ とおく. u_1, u_2 が (3.24)–(3.26) を満たすので $u(x,t)$ は次を満たす.

$$u_t = cu_{xx}, \tag{3.30}$$

$$u(0,t) = u(2\pi,t), \quad u_x(0,t) = u_x(2\pi,t), \tag{3.31}$$

$$u(x,0) = 0. \tag{3.32}$$

次に

$$U(t) = \int_0^{2\pi} u(x,t)^2 dx \tag{3.33}$$

とおく. これを t について微分して, (3.30) を使うと

$$U'(t) = \int_0^{2\pi} 2u(x,t)u_t(x,t)dx = 2c\int_0^{2\pi} u(x,t)u_{xx}(x,t)dx. \tag{3.34}$$

次に右辺の積分で部分積分をすると (右辺の積分に出てくる u_{xx} を u_x の微分と考えて, 部分積分すると),

$$\int_0^{2\pi} u(u_x)_x dx = [uu_x]_0^{2\pi} - \int_0^{2\pi} u_x u_x dx$$
$$= u(2\pi,t)u_x(2\pi,t) - u(0,t)u_x(0,t) - \int_0^{2\pi}(u_x)^2 dx$$
$$= -\int_0^{2\pi}(u_x)^2 dx. \tag{3.35}$$

上の計算で (3.31) を使った. (3.35) を (3.34) に代入すると,

$$U'(t) = -2c\int_0^{2\pi}(u_x)^2 dx \leqq 0.$$

よって, $U(t)$ は, 広義単調減少となる. 特に, すべての $t \geqq 0$ に対して, $U(t) \leqq U(0)$ が得られる. (3.32), (3.33) より

$$U(0) = \int_0^{2\pi} u(x,0)^2 dx = 0,$$

なので $U(t) \leqq U(0) = 0$, $(t \geqq 0)$ となる. 一方 $U(t)$ の定義 (3.33) より明らかに $U(t) \geqq 0$ なので $U(t) = 0$ となる. すなわち,

$$U(t) = \int_0^{2\pi} u(x,t)^2 dx = 0 \quad (t \geqq 0).$$

被積分関数 $u(x,t)^2$ は 0 以上なので, 上式は

$$u(x,t)^2 = 0, \quad (0 \leqq x \leqq 2\pi,\ t \geqq 0),$$

を意味する. よって, すべての x, t に対して, $u(x,t) = 0$ となり, $u_1(x,t) = u_2(x,t)$ が成り立つ. 従って解は一意である. 証明終. □

ディリクレ境界条件のときはフーリエ正弦級数を使って, ノイマン境界条件のときはフーリエ余弦級数を使って, 熱方程式の解は表すことができる.

3.3 弦の振動方程式

偏微分方程式

$$u_{tt} = c^2 \Delta u$$

は, **波動方程式**と呼ばれている. ここで Δ はラプラシアンと呼ばれ, $\Delta u = \sum_{i=1}^{N} \partial^2 u / \partial x_i^2$ によって定義される. また, c は正定数である. 波動方程式は, 名前の通りに波の動きを記述する方程式であるが, 音の伝播, 電磁波の伝播 (Maxwell 方程式) なども表していて, 数理物理学において最も重要な偏微分方程式の 1 つである. 以下では, 空間 1 次元の場合を考える.

$$u_{tt} = c^2 u_{xx}. \tag{3.36}$$

これは, **弦の振動方程式**と呼ばれている. この方程式を導こう. 両端を固定した弦の振動を考える. 弦の長さを l として, 弦は x 軸上 $0 \leqq x \leqq l$ に張られているものとする. また, 弦は太さが一定の均質な材料でできていて, 密度 ρ と張力 T は一定とする. この弦を弾いたとき上下に振動する. この振動の方程式を導く. ただし, 弦に対する重力の効果, 弦と空気との摩擦は無視する. また弦の振幅は小さく, 弦は垂直方向にのみ運動し, x 軸方向には動かないものとする. 位置 x, 時刻 t での弦の変位を $u(x,t)$ と表す. 弦を両端で固定しているので, すべての t に対して $u(0,t) = u(l,t) = 0$ である. 今, 時刻 t_0 を任意に固定して, 小区間 $[x, x+\Delta x]$ での弦の様子を観察する. 曲線 $y = u(x,t_0)$ 上に点 $A(x, u(x,t_0))$, $B(x+\Delta x, u(x+\Delta x, t_0))$ をとる. ただし, $\Delta x > 0$ は十分小さくとる. この曲線 $y = u(x,t_0)$ が 2 点 A, B により切り取られる微少部分を ΔS とする. このとき, ΔS の両端点では, その接線方向に大きさ T の力が外向きに引っ張るように働いている. 図 3.1 を参考にせよ. $y = u(x,t_0)$ 上の点 $(x, u(x,t_0))$ における接線と x 軸の正の方向のなす角を $\theta(x)$ とする. 各点は, 垂直方向の動きしかしないので, 垂直方向にかかる力の大きさだけを考えればよいことになる. 張力を T としていたので, 点 A には, $T \sin\theta(x)$ の力が下向きにかかる. すなわち, 点 A にかかる y 軸の正の方向の力の大きさは, $-T\sin\theta(x)$ である. 一方, 点 B においては,

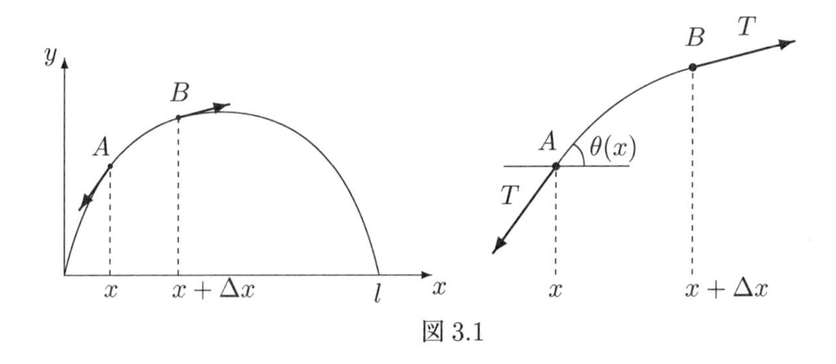

図 3.1

$T \sin\theta(x+\Delta x)$ の力が y 軸の正の方向に働く．従って，ΔS にかかる y 軸の正の方向の力の大きさは，

$$T \sin\theta(x+\Delta x) - T \sin\theta(x) \tag{3.37}$$

である．ところで今，振幅は十分小さく，弦の接線と x 軸のなす角 $\theta(x)$ は十分小さいと仮定すると，

$$\sin\theta(x) \doteqdot \theta(x) \doteqdot \tan\theta(x) = \frac{\partial u}{\partial x}(x, t_0)$$

となる．この式を使うと (3.37) は次式に書き換わる．

$$T\frac{\partial u}{\partial x}(x+\Delta x, t_0) - T\frac{\partial u}{\partial x}(x, t_0).$$

これが ΔS にかかる y 軸の正の方向の力の大きさである．この値は，ニュートンの運動方程式により，質量と加速度の積に等しくなる．密度が ρ なので質量は，$\rho\Delta x$ である．ここで，ρ は $y = u(x, t_0)$ のグラフに沿った密度ではなくて，弦が x 軸にピンと張っていて，動いていないときの密度である．従って，点 A, B を x 軸に射影したときの点を $A_0(x, 0)$, $B_0(x+\Delta x, 0)$ とおくとき，線分 A_0B_0 での密度が ρ である．この線分が変形して ΔS になったのであるから，ΔS の質量は線分 A_0B_0 の質量 $\rho\Delta x$ である．また，ΔS は十分小さい部分であるから，その間での加速度はどの場所でもほぼ一定で

$\partial^2 u(x,t_0)/\partial t^2$ と考えられる．従って，ニュートンの運動方程式は次のようになる．

$$T\frac{\partial u}{\partial x}(x+\Delta x,t_0)-T\frac{\partial u}{\partial x}(x,t_0)=\rho\Delta x\frac{\partial^2 u}{\partial t^2}(x,t_0).$$

両辺を Δx で割り $\Delta x\to 0$ とし，さらに左辺と右辺を入れ替えると，

$$\rho\frac{\partial^2 u}{\partial t^2}(x,t_0)=T\frac{\partial^2 u}{\partial x^2}(x,t_0)$$

となる．t_0 は任意に固定しているので，上の式はすべての $t_0>0$ に対して成り立つ．最後に $c^2=T/\rho$ とおくと，この式は (3.36) になる．

さて，方程式に境界条件 $u(0,t)=u(l,t)=0$ を仮定しているが，このままでは解はただ一つには決まらない．t について 2 階の微分方程式であるから，$t=0$ のときの弦の形と弦の速度が与えられれば解が求まるであろう．すなわち，$u(x,0)$ (弦の初期位置) と $u_t(x,0)$ (弦の初期速度) が与えられればいいのである．これらをまとめると，

$$\frac{\partial^2 u}{\partial t^2}=c^2\frac{\partial^2 u}{\partial x^2}, \tag{3.38}$$

$$u(0,t)=u(l,t)=0, \tag{3.39}$$

$$u(x,0)=f(x),\quad u_t(x,0)=g(x), \tag{3.40}$$

となる．$c>0$ は定数で，$f(x)$, $g(x)$ は与えられた関数である．このとき，(3.38)–(3.40) の解を求めなさいという問題が両端を固定した弦の振動方程式である．この問題が解をもつためには，$f(x)$, $g(x)$ が

$$f(0)=f(l)=0,\quad g(0)=g(l)=0, \tag{3.41}$$

を満たしていなくてはいけない．実際に，(3.39) に $t=0$ を代入すると，$u(0,0)=u(l,0)=0$ である．一方，(3.40) の $f(x)$ の式に $x=0,l$ を代入すると，$f(0)=u(0,0)$, $f(l)=u(l,0)$ となる．これらの式から $f(0)=0$, $f(l)=0$ が出る．(3.39) を t で微分して $t=0$ を代入すると $u_t(0,0)=0$, $u_t(l,0)=0$ が出る．次に (3.40) の $g(x)$ の式に $x=0,l$ を代入すると

$g(0) = u_t(0,0)$, $g(l) = u_t(l,0)$ となる．これらの式から $g(0) = 0$, $g(l) = 0$ が出る．(3.41) を初期条件と境界条件の**整合条件** (compatibility condition) という．

3.4 弦の振動方程式の解法

弦の振動方程式をフーリエ級数を使って解くために，一般の周期関数のフーリエ級数を定義する．$l > 0$ として，周期 $2l$ の周期関数 $f(x)$ が与えられたとき，

$$a_0 = \frac{1}{l}\int_{-l}^{l} f(x)dx, \quad a_n = \frac{1}{l}\int_{-l}^{l} f(x)\cos\frac{n\pi x}{l}\,dx,$$

$$b_n = \frac{1}{l}\int_{-l}^{l} f(x)\sin\frac{n\pi x}{l}\,dx.$$

により**フーリエ係数** $\{a_n\}$, $\{b_n\}$ を定義する．さらに，

$$f(x) \sim \frac{a_0}{2} + \sum_{n=1}^{\infty}\left(a_n\cos\frac{n\pi x}{l} + b_n\sin\frac{n\pi x}{l}\right)$$

と表して，これを $f(x)$ の**フーリエ級数** と定義する．定理 1.1, 定理 2.8 と同様に次の定理が成り立つ．

定理 3.3. $f(x)$ が周期 $2l$ の区分的に滑らかで連続な関数ならば，$f(x)$ のフーリエ級数は一様収束し $f(x)$ に一致する．すなわち次の等式が成り立つ．

$$f(x) = \frac{a_0}{2} + \sum_{n=1}^{\infty}\left(a_n\cos\frac{n\pi x}{l} + b_n\sin\frac{n\pi x}{l}\right).$$

今，$f(x)$ が区間 $(0,l)$ で定義されていると仮定する．このとき，$f(x)$ を周期 $2l$ の奇関数として実軸全体に拡張すると，フーリエ係数は，$a_0 = 0$, $a_n = 0$,

$$b_n = \frac{2}{l}\int_{0}^{l} f(x)\sin\frac{n\pi x}{l}\,dx. \tag{3.42}$$

となり, フーリエ級数は,

$$f(x) \sim \sum_{n=1}^{\infty} b_n \sin \frac{n\pi x}{l},$$

となる. これを**フーリエ正弦級数** という. また, $f(x)$ を周期 $2l$ の偶関数に拡張したときに, $b_n = 0$,

$$a_0 = \frac{2}{l}\int_0^l f(x)dx, \quad a_n = \frac{2}{l}\int_0^l f(x)\cos\frac{n\pi x}{l}\,dx,$$

となり, フーリエ級数は,

$$f(x) \sim \frac{a_0}{2} + \sum_{n=1}^{\infty} a_n \cos\frac{n\pi x}{l},$$

となる. これを**フーリエ余弦級数** という.

これらの準備の下に, 弦の振動方程式をフーリエ級数を使って解こう. 熱方程式の解法と同じように, 解を変数分離形

$$u(x,t) = v(x)w(t),$$

で探すことにする. これを (3.38) に代入すると, $vw_{tt} = c^2 v_{xx} w$ が得られる. この両辺を $c^2 vw$ で割ると,

$$\frac{w_{tt}(t)}{c^2 w(t)} = \frac{v_{xx}(x)}{v(x)}, \tag{3.43}$$

となる. 左辺は t のみの関数であり, 右辺は x のみの関数なので, この両辺は定数になる. それを $-\lambda$ とおく. このとき, 次の 2 式が得られる.

$$w_{tt} + \lambda c^2 w = 0, \tag{3.44}$$

$$v_{xx} + \lambda v = 0. \tag{3.45}$$

まず (3.45) を解くと, (3.13) と同様に,

$$v(x) = \begin{cases} \alpha e^{\sqrt{|\lambda|}\,x} + \beta e^{-\sqrt{|\lambda|}\,x} & (\lambda < 0 \text{ のとき}) \\ \alpha x + \beta & (\lambda = 0 \text{ のとき}) \\ \alpha\cos\sqrt{\lambda}\,x + \beta\sin\sqrt{\lambda}\,x & (\lambda > 0 \text{ のとき}), \end{cases} \tag{3.46}$$

となる．ただし, α, β は任意定数である．(3.39) に $u(x,t)=v(x)w(t)$ を代入すると, $v(0)w(t)=v(l)w(t)=0$ が出る．今, $w(t)\neq 0$ なる解を探すので, この式は,

$$v(0)=v(l)=0, \tag{3.47}$$

となる．(3.46) の $v(x)$ で (3.47) を満たし $v\not\equiv 0$ なるもの (非自明解) を探す．λ の符号に応じて 3 つの場合に分ける．

(i) $\lambda<0$ の場合．(3.46) の $v(x)$ を (3.47) に代入すると,

$$\alpha+\beta=0, \quad \alpha e^{l\sqrt{|\lambda|}}+\beta e^{-l\sqrt{|\lambda|}}=0,$$

となる．第 1 式より $\beta=-\alpha$ となり, これを第 2 式に代入して, $\alpha(e^{l\sqrt{|\lambda|}}-e^{-l\sqrt{|\lambda|}})=0$ となる．よって, $\alpha=\beta=0$ となり, 非自明解はない．

(ii) $\lambda=0$ の場合．(3.46) の $v(x)$ を (3.47) に代入して $\alpha=\beta=0$ が出るので, この場合も非自明解はない．

(iii) $\lambda>0$ の場合．(3.46) の $v(x)$ を (3.47) に代入して,

$$\alpha=0, \quad \alpha\cos l\sqrt{\lambda}+\beta\sin l\sqrt{\lambda}=0,$$

が出る．$\alpha=0$ なので, $\beta\neq 0$ となる解を探す．このとき, $\sin l\sqrt{\lambda}=0$ となり,

$$\lambda=\left(\frac{n\pi}{l}\right)^2, \qquad (n=1,2,3,\ldots,), \tag{3.48}$$

が得られる．この特別な λ の値に対してのみ, (3.45), (3.47) は非自明解

$$v_n(x)=\beta_n\sin\frac{n\pi x}{l} \tag{3.49}$$

を持つ．(3.48) の値は (3.45), (3.47) の固有値である．

次に (3.44) を解こう．$\lambda=(n\pi/l)^2$ のとき (3.44) の一般解は,

$$w_n(t)=a_n\cos\frac{cn\pi t}{l}+b_n\sin\frac{cn\pi t}{l} \tag{3.50}$$

となる. ここで, a_n, b_n は任意定数である. (3.49), (3.50) より変数分離形の解は,

$$u_n(x,t) = v_n(x)w_n(t) = \left(a_n \cos\frac{cn\pi t}{l} + b_n \sin\frac{cn\pi t}{l}\right)\sin\frac{n\pi x}{l}$$

となる. a_n, b_n は任意定数である. この式で (3.49) の β_n は出てこない. a_n, b_n の中に含めてしまったためである. 無限個の u_n をすべて加えると,

$$u(x,t) = \sum_{n=1}^{\infty}\left(a_n \cos\frac{cn\pi t}{l} + b_n \sin\frac{cn\pi t}{l}\right)\sin\frac{n\pi x}{l}. \tag{3.51}$$

これも, やはり (3.38), (3.39) の解になる. ただし, 項別微分に注意する必要がある.

最後に, この解が初期条件 (3.40) を満たすかどうか考える. この関数 $u(x,t)$ を (3.40) に代入すると,

$$u(x,0) = \sum_{n=1}^{\infty} a_n \sin\frac{n\pi x}{l} = f(x), \tag{3.52}$$

$$u_t(x,0) = \sum_{n=1}^{\infty} \frac{cn\pi}{l} b_n \sin\frac{n\pi x}{l} = g(x). \tag{3.53}$$

もし, これらが成り立つように数列 $\{a_n\}_{n=1}^{\infty}$, $\{b_n\}_{n=1}^{\infty}$ を選ぶことができたならば, そのとき $u(x,t)$ は, (3.38)–(3.40) をすべて満たして, 解が求められたことになる. 元々, $f(x)$, $g(x)$ は区間 $[0,l]$ で定義されている. これらの関数が区分的に滑らかで連続で (3.41) を満たすと仮定しよう. (3.41) により $f(0) = f(l) = 0$, $g(0) = g(l) = 0$ なので, これらの関数を周期 $2l$ の奇関数に拡張すると, $f(x)$, $g(x)$ は区分的に滑らかで, 実軸全体で連続な周期 $2l$ の奇関数になる. このとき, (3.52) は $f(x)$ のフーリエ正弦級数になる. 従って,

$$a_n = \frac{2}{l}\int_0^l f(s)\sin\frac{n\pi s}{l}\, ds, \tag{3.54}$$

により a_n を定義すると定理3.3により, (3.52)がすべての x に対して成り立つ. 次に, $g(x)$ は区分的に滑らかで連続な奇関数なので, g とそのフーリエ正弦級数は一致する. すなわち,

$$g(x) = \sum_{n=1}^{\infty} \beta_n \sin\frac{n\pi x}{l}, \quad \beta_n = \frac{2}{l}\int_0^l g(s)\sin\frac{n\pi s}{l}\,ds, \tag{3.55}$$

が成り立つ. この式と(3.53)を比較して $(cn\pi/l)b_n = \beta_n$ の関係式が得られる. 従って,

$$b_n = \frac{l}{cn\pi}\beta_n = \frac{2}{cn\pi}\int_0^l g(s)\sin\frac{n\pi s}{l}ds \tag{3.56}$$

により b_n を定義すればよいことがわかる. 以上のように(3.54), (3.56)により a_n, b_n を定義すると, (3.51)で与えられた $u(x,t)$ は(3.38)–(3.40)の解になる.

では, 関係式(3.52)–(3.56)を利用して $u(x,t)$ を $f(x)$, $g(x)$ を使って直接的に表示しよう. (3.51)を書き直すと,

$$u(x,t) = \phi(x,t) + \psi(x,t), \tag{3.57}$$

$$\phi(x,t) = \sum_{n=1}^{\infty} a_n \cos\frac{cn\pi t}{l}\sin\frac{n\pi x}{l}, \tag{3.58}$$

$$\psi(x,t) = \sum_{n=1}^{\infty} \frac{l}{cn\pi}\beta_n \sin\frac{cn\pi t}{l}\sin\frac{n\pi x}{l}, \tag{3.59}$$

となる. まず, $\phi(x,t)$ を $f(x)$ を使って書き表す. (1.2)に $\alpha = n\pi x/l$, $\beta = cn\pi t/l$ を代入すると,

$$\sin\frac{n\pi x}{l}\cos\frac{cn\pi t}{l} = \frac{1}{2}\left(\sin(n\pi(x+ct)/l) + \sin(n\pi(x-ct)/l)\right)$$

となる. これを(3.58)に代入すると,

$$\phi(x,t) = \frac{1}{2}\sum_{n=1}^{\infty} a_n \left(\sin(n\pi(x+ct)/l) + \sin(n\pi(x-ct)/l)\right). \tag{3.60}$$

ここで, 関係式 (3.52) を使うと,

$$f(x+ct)=\sum_{n=1}^{\infty}a_n\sin\left(\frac{n\pi(x+ct)}{l}\right),$$

$$f(x-ct)=\sum_{n=1}^{\infty}a_n\sin\left(\frac{n\pi(x-ct)}{l}\right),$$

が得られる. これらの式を (3.60) に代入すると,

$$\phi(x,t)=\frac{1}{2}\left(f(x+ct)+f(x-ct)\right) \tag{3.61}$$

となる. 次に (3.55) の第 1 式の両辺を区間 $[x-ct, x+ct]$ で積分すると,

$$\begin{aligned}\int_{x-ct}^{x+ct}g(s)ds&=\sum_{n=1}^{\infty}\beta_n\int_{x-ct}^{x+ct}\sin\frac{n\pi s}{l}ds\\&=\sum_{n=1}^{\infty}\frac{l\beta_n}{n\pi}\left(\cos\frac{n\pi(x-ct)}{l}-\cos\frac{n\pi(x+ct)}{l}\right)\\&=\sum_{n=1}^{\infty}\frac{2l}{n\pi}\beta_n\sin\frac{n\pi x}{l}\sin\frac{cn\pi t}{l},\end{aligned} \tag{3.62}$$

が出る. 最後の等号では, (1.3) を使っている. ここでは, 項別積分に関しての厳密な議論はしない. (3.62) の最後の項と (3.59) を比較して, 次式が得られる.

$$\psi(x,t)=\frac{1}{2c}\int_{x-ct}^{x+ct}g(s)ds. \tag{3.63}$$

(3.61), (3.63) を (3.57) に代入すると,

$$u(x,t)=\frac{1}{2}\left(f(x+ct)+f(x-ct)\right)+\frac{1}{2c}\int_{x-ct}^{x+ct}g(s)ds, \tag{3.64}$$

が得られる. この式は**ダランベールの公式**と呼ばれている. 結局, 次の定理が成り立つ.

定理 3.4. $f(x)$, $g(x)$ は, (3.41) を満たし, $f(x)$ は $[0,l]$ で 2 回連続微分可能, $g(x)$ は 1 回連続微分可能と仮定する. $f(x)$, $g(x)$ を周期 $2l$ の奇関数として実軸全体に拡張する. このとき (3.64) で定義された $u(x,t)$ は (3.38)–(3.40) の解である.

証明. 今までの議論で (3.51) の級数の項別微分などを厳密に行っていなかったので, u が (3.38)–(3.40) を満たすことを直接, 計算により示す.

$$G(x) = \int_0^x g(s)ds,$$

とおくと, (3.64) は, 次の式に書き換わる.

$$u(x,t) = \frac{1}{2}\left(f(x+ct) + f(x-ct)\right) + \frac{1}{2c}\left(G(x+ct) - G(x-ct)\right). \quad (3.65)$$

$G'(x) = g(x)$ に注意して上式を t について微分すると,

$$u_t(x,t) = \frac{c}{2}(f'(x+ct) - f'(x-ct)) + \frac{1}{2}(g(x+ct) + g(x-ct)). \quad (3.66)$$

さらに, もう一度 t について微分すると,

$$u_{tt} = \frac{c^2}{2}(f''(x+ct) + f''(x-ct)) + \frac{c}{2}(g'(x+ct) - g'(x-ct)),$$

となる. 上の式で, $f(x)$ が 2 回連続微分可能, $g(x)$ は 1 回連続微分可能の仮定が使われている. 一方 (3.65) を x について 2 回微分すると,

$$u_{xx} = \frac{1}{2}(f''(x+ct) + f''(x-ct)) + \frac{1}{2c}(g'(x+ct) - g'(x-ct)),$$

となり, $u_{tt} = c^2 u_{xx}$ が成り立っている. f, g は奇関数なので, $G(x)$ は偶関数となり, (3.65) に $x=0$ を代入すると,

$$u(0,t) = \frac{1}{2}(f(ct) + f(-ct)) + \frac{1}{2c}(G(ct) - G(-ct)) = 0,$$

が成り立つ. また, $x = l$ のとき,

$$u(l,t) = \frac{1}{2}(f(l+ct) + f(l-ct)) + \frac{1}{2c}(G(l+ct) - G(l-ct)) \quad (3.67)$$

となる. f は周期 $2l$ の奇関数なので,

$$f(l-ct) = -f(-l+ct) = -f(l+ct) \tag{3.68}$$

が成り立つ. $g(x)$ は周期 $2l$ の奇関数なので, $G(x)$ は周期 $2l$ の偶関数になる. このことから次式が得られる.

$$G(l-ct) = G(-l+ct) = G(l+ct). \tag{3.69}$$

(3.67), (3.68), (3.69) より $u(l,t)=0$ である. (3.65), (3.66) に $t=0$ を代入すると, $u(x,0)=f(x)$, $u_t(x,0)=g(x)$ が得られる. 以上により, $u(x,t)$ は (3.38)–(3.40) の解である. 証明終. □

定理 3.5. (3.38)–(3.40) の解は一意である. 従って, それは (3.64) で定義された $u(x,t)$ のみである.

証明. $u_1(x,t)$, $u_2(x,t)$ を (3.38)–(3.40) の任意の 2 つの解とする. $u(x,t) = u_1(x,t) - u_2(x,t)$ とおくと, これは次式を満たす.

$$\frac{\partial^2 u}{\partial t^2} = c^2 \frac{\partial^2 u}{\partial x^2}, \tag{3.70}$$

$$u(0,t) = u(l,t) = 0, \tag{3.71}$$

$$u(x,0) = 0, \quad u_t(x,0) = 0. \tag{3.72}$$

次の関数 $E(t)$ を定義する.

$$E(t) = \int_0^l \left(u_t(x,t)^2 + c^2 u_x(x,t)^2\right) dx. \tag{3.73}$$

両辺を t で微分して (3.70) を使うと,

$$\begin{aligned} E'(t) &= \int_0^l (2u_t u_{tt} + 2c^2 u_x u_{xt}) dx \\ &= \int_0^l (2c^2 u_t u_{xx} + 2c^2 u_x u_{xt}) dx \\ &= 2c^2 \int_0^l (u_t u_x)_x dx = 2c^2 [u_t u_x]_0^l \\ &= 2c^2 (u_t(l,t) u_x(l,t) - u_t(0,t) u_x(0,t)) = 0. \end{aligned} \tag{3.74}$$

最後の式では次の関係式を使った.

$$u_t(0,t) = u_t(l,t) = 0.$$

上式は (3.71) を t について微分して得られる. 結局, $E'(t) = 0$ となり, $E(t)$ は定数となる. (3.72) の第1式を x で微分すると, $u_x(x,0) = 0$ となる. この式と (3.72) の第2式により

$$E(0) = \int_0^l (u_t(x,0)^2 + c^2 u_x(x,0)^2) dx = 0,$$

となる. $E(t)$ は定数なので, $E(t) \equiv 0$ となる. すなわち, すべての $t \geqq 0$ に対して,

$$E(t) = \int_0^l \left(u_t(x,t)^2 + c^2 u_x(x,t)^2 \right) dx \equiv 0,$$

となり, $u_t(x,t) \equiv 0$, $u_x(x,t) \equiv 0$ が従う. よって, $u(x,t) \equiv$ 定数 となり, (3.71) により $u(x,t) \equiv 0$ が得られる. 従って, $u_1(x,t) \equiv u_2(x,t)$ となり, 解は一意である. 証明終. □

3.5 有界領域におけるラプラス方程式

今までに, フーリエ級数の偏微分方程式への応用として, 熱方程式と弦の振動方程式を扱った. 本節ではラプラス方程式を考える. ギリシア文字の大

文字のデルタを使って,

$$\Delta = \frac{\partial^2}{\partial x^2} + \frac{\partial^2}{\partial y^2}$$

と表し, この記号を**ラプラシアン**または, **ラプラス作用素**という. これだけでは何のことか分からない. x, y の 2 変数関数 $u(x, y)$ に対して,

$$\Delta u = \frac{\partial^2 u}{\partial x^2} + \frac{\partial^2 u}{\partial y^2}$$

と書く. すなわち, Δu は, u を x について 2 回, y について 2 回偏微分して加えた関数を意味する. さらに, $\Delta u = 0$ を満たす関数 $u(x, y)$ を**調和関数**という. 様々な調和関数がある. 例えば, 複素関数論では, 正則な関数の実部と虚部はそれぞれ調和関数になることがよく知られている. 従って, 調和関数は無限に多くある. 調和関数についての次のような問題を考える. Ω を $\mathbb{R}^2$ の有界な領域とする. その境界 $\partial\Omega$ で定義された実数値関数 f が与えられたとき,

$$\begin{aligned} \Delta u &= 0, \qquad ((x, y) \in \Omega), \\ u &= f, \qquad ((x, y) \in \partial\Omega), \end{aligned} \tag{3.75}$$

をみたす $u(x, y)$ を求めなさい. この問題を, **ラプラス方程式**の**ディリクレ問題**という. すなわち, 領域 Ω の内部で調和であり, 境界 $\partial\Omega$ では与えられた関数 f に等しいような関数 $u(x, y)$ を求めなさいという問題である. これは数学, 物理学の様々な分野で登場する問題である. 2 次元以上についても同様の問題を考えることができる. N 次元のときは, ラプラシアンを

$$\Delta = \frac{\partial^2}{\partial x_1^2} + \cdots + \frac{\partial^2}{\partial x_N^2}$$

と定義すればいいのである. しかしここでは簡単のために 2 次元の場合を扱う. Ω が一般の領域の場合には, (3.75) の解を具体的に表示することはできないが, Ω が円の場合は解の表示ができる. Ω を単位円の内部として, 極座標

$$x = r\cos\theta, \quad y = r\sin\theta,$$

を導入する．このとき Δ は次のように書き換わる．

$$\Delta u = \frac{\partial^2 u}{\partial r^2} + \frac{1}{r}\frac{\partial u}{\partial r} + \frac{1}{r^2}\frac{\partial^2 u}{\partial \theta^2}. \tag{3.76}$$

これは，合成関数の偏微分の公式を使って計算できる．確かめてみよう．今後 $\partial u/\partial r$, $\partial u/\partial \theta$ を u_r, u_θ で表す．合成関数の偏微分を使って，

$$u_r = \frac{\partial u}{\partial x}\frac{\partial x}{\partial r} + \frac{\partial u}{\partial y}\frac{\partial y}{\partial r} = u_x \cos\theta + u_y \sin\theta \tag{3.77}$$

となる．さらに両辺を r で偏微分すると，

$$\begin{aligned} u_{rr} &= \frac{\partial}{\partial x}(u_x \cos\theta + u_y \sin\theta)\frac{\partial x}{\partial r} + \frac{\partial}{\partial y}(u_x \cos\theta + u_y \sin\theta)\frac{\partial y}{\partial r} \\ &= u_{xx}\cos^2\theta + 2u_{xy}\sin\theta\cos\theta + u_{yy}\sin^2\theta \end{aligned} \tag{3.78}$$

である．一方 u_θ と $u_{\theta\theta}$ は次のように計算できる．

$$u_\theta = \frac{\partial u}{\partial x}\frac{\partial x}{\partial \theta} + \frac{\partial u}{\partial y}\frac{\partial y}{\partial \theta} = -u_x r\sin\theta + u_y r\cos\theta,$$

$$\begin{aligned} u_{\theta\theta} &= -\frac{\partial u_x}{\partial \theta} r\sin\theta - u_x r\cos\theta + \frac{\partial u_y}{\partial \theta} r\cos\theta - u_y r\sin\theta \\ &= -u_{xx}\frac{\partial x}{\partial \theta} r\sin\theta - u_{xy}\frac{\partial y}{\partial \theta} r\sin\theta - u_x r\cos\theta \\ &\quad + u_{xy}\frac{\partial x}{\partial \theta} r\cos\theta + u_{yy}\frac{\partial y}{\partial \theta} r\cos\theta - u_y r\sin\theta \\ &= u_{xx} r^2\sin^2\theta - 2u_{xy} r^2\sin\theta\cos\theta + u_{yy} r^2\cos^2\theta \\ &\quad - u_x r\cos\theta - u_y r\sin\theta. \end{aligned} \tag{3.79}$$

(3.77), (3.78), (3.79) より,

$$
\begin{aligned}
&u_{rr} + \frac{1}{r}u_r + \frac{1}{r^2}u_{\theta\theta} \\
&= u_{xx}\cos^2\theta + 2u_{xy}\sin\theta\cos\theta + u_{yy}\sin^2\theta \\
&\quad + \frac{1}{r}u_x\cos\theta + \frac{1}{r}u_y\sin\theta + u_{xx}\sin^2\theta - 2u_{xy}\sin\theta\cos\theta \\
&\quad + u_{yy}\cos^2\theta - \frac{1}{r}u_x\cos\theta - \frac{1}{r}u_y\sin\theta \\
&= (u_{xx} + u_{yy})(\sin^2\theta + \cos^2\theta) \\
&= u_{xx} + u_{yy}
\end{aligned}
$$

となり, (3.76) が示された.

Ω が単位円の内部のとき, 境界 $\partial\Omega$ で f は定義されているので, f を θ のみの関数と考える. このとき, (3.75) は次の問題になる.

$$\frac{\partial^2 u}{\partial r^2} + \frac{1}{r}\frac{\partial u}{\partial r} + \frac{1}{r^2}\frac{\partial^2 u}{\partial \theta^2} = 0, \quad (0 < r < 1,\ 0 \leqq \theta \leqq 2\pi), \tag{3.80}$$

$$u(r, \theta + 2\pi) = u(r, \theta), \tag{3.81}$$

$$u(1, \theta) = f(\theta), \tag{3.82}$$

ここで, $u(r,\theta)$ は, $0 \leqq r \leqq 1$, $0 \leqq \theta < \infty$ で定義された関数である. (r,θ) と $(r, \theta + 2\pi)$ は平面上の同じ点を表しているので, u は (3.81) を満たす. すなわち $u(r,\theta)$ は θ について周期 2π の周期関数である. $f(\theta)$ も周期 2π の周期関数である. u が 2π 周期の関数であるから,

$$u(r,\theta) = \alpha_0(r) + \sum_{n=1}^{\infty} (\alpha_n(r)\cos n\theta + \beta_n(r)\sin n\theta) \tag{3.83}$$

の形をしているであろうと予想できる. フーリエ級数の形をしているが, フーリエ係数 $\alpha_0(r)$, $\alpha_n(r)$, $\beta_n(r)$ は, r の関数である. (3.83) を (3.80) に

代入すると,

$$\alpha_0''(r) + \frac{1}{r}\alpha_0'(r) + \sum_{n=1}^{\infty}\left(\alpha_n'' + \frac{1}{r}\alpha_n' - \frac{n^2}{r^2}\alpha_n\right)\cos n\theta$$
$$+ \sum_{n=1}^{\infty}\left(\beta_n'' + \frac{1}{r}\beta_n' - \frac{n^2}{r^2}\beta_n\right)\sin n\theta = 0 \tag{3.84}$$

となる. 1, $\cos n\theta$, $\sin n\theta$ $(n = 1, 2, 3, \ldots)$ は 1 次独立であるから, (3.84) が成り立つためには, これらの係数がすべて 0 にならなければならない. すなわち,

$$\alpha_0''(r) + \frac{1}{r}\alpha_0'(r) = 0, \tag{3.85}$$

$$\alpha_n'' + \frac{1}{r}\alpha_n' - \frac{n^2}{r^2}\alpha_n = 0, \tag{3.86}$$

$$\beta_n'' + \frac{1}{r}\beta_n' - \frac{n^2}{r^2}\beta_n = 0. \tag{3.87}$$

(3.85) を書き直すと, $(r\alpha_0')' = 0$ となる. よって $r\alpha_0' =$ 定数 $= a_0$ であり, $\alpha_0(r) = a_0 \log r + b_0$ (a_0, b_0 は定数) となる. $\alpha_0(r)$ が $r = 0$ まで込めて連続になるのは, $\alpha_0(r) = b_0$ の場合である.

次に (3.86) を解く. (3.86) に r^2 をかけると,

$$r^2\alpha_n'' + r\alpha_n' - n^2\alpha_n = 0, \tag{3.88}$$

となり, α_n の微分の階数と係数 r のベキが一致している. これは, オイラーの微分方程式と呼ばれている. $\alpha_n(r) = A_n(t)$, $r = e^t$ と変数変換すると, (3.88) は次の方程式になる.

$$A_n''(t) - n^2 A_n(t) = 0.$$

これは定数係数の線形常微分方程式である. これを解くと, $A_n(t) = a_n e^{nt} + b_n e^{-nt}$ (a_n, b_n は定数) となり, $\alpha_n(r)$ に戻すと,

$$\alpha_n(r) = a_n r^n + b_n r^{-n}$$

となる. $r=0$ まで込めて連続になるのは, $\alpha_n(r)=a_n r^n$ である. (3.87) の方程式も同様にして, $\beta_n(r)=b_n r^n$ が解である. 以上により (3.85), (3.86), (3.87) の解で, $r=0$ まで込めて連続になるものは,

$$\alpha_0(r)=\frac{a_0}{2},\quad \alpha_n(r)=a_n r^n,\quad \beta_n(r)=b_n r^n,$$

である. (a_0 でなく, $a_0/2$ としたのは, 後々のフーリエ級数の形に合わせるためである.) これらを (3.83) に代入して,

$$u(r,\theta)=\frac{a_0}{2}+\sum_{n=1}^{\infty} r^n\left(a_n\cos n\theta+b_n\sin n\theta\right) \tag{3.89}$$

が, (3.80), (3.81) の解である. 最後にこれが (3.82) を満たすように a_0, a_n, b_n を決めよう. $r=1$ のとき,

$$u(1,\theta)=\frac{a_0}{2}+\sum_{n=1}^{\infty}(a_n\cos n\theta+b_n\sin n\theta)=f(\theta) \tag{3.90}$$

となればよいのである. これは, f のフーリエ級数展開である. すなわち, $f(\theta)$ のフーリエ係数として, a_0, a_n, b_n を決めてやればいいのである. f が区分的に滑らか, 連続で周期 2π ならば, 等式 (3.90) はすべての θ について成り立つ. 従って, このとき (3.89) で定義された $u(r,\theta)$ は, (3.80), (3.81), (3.82) の解になる. (3.89) による解の表示を $f(\theta)$ を使って直接的に書き直してみる. a_0, a_n, b_n は f のフーリエ係数であるので,

$$a_0=\frac{1}{\pi}\int_{-\pi}^{\pi}f(t)dt,\quad a_n=\frac{1}{\pi}\int_{-\pi}^{\pi}f(t)\cos nt dt,$$

$$b_n=\frac{1}{\pi}\int_{-\pi}^{\pi}f(t)\sin nt dt,$$

となる. これらを (3.89) に代入すると

$$u(r,\theta)=\frac{1}{2\pi}\int_{-\pi}^{\pi}f(t)\,dt$$
$$+\sum_{n=1}^{\infty}\frac{r^n}{\pi}\left(\int_{-\pi}^{\pi}f(t)\cos nt\,dt\,\cos n\theta+\int_{-\pi}^{\pi}f(t)\sin nt\,dt\,\sin n\theta\right)$$

が得られる．ここで, 加法定理,

$$\cos nt \cos n\theta + \sin nt \sin n\theta = \cos(n(\theta - t))$$

を使うと, u は次のように書き直せる．

$$u(r,\theta) = \frac{1}{2\pi}\int_{-\pi}^{\pi} f(t)\left(1 + \sum_{n=1}^{\infty} 2r^n \cos n(\theta - t)\right) dt. \tag{3.91}$$

右辺の級数を書き直す．まず等比級数の和の公式を使って, $0 \leqq r < 1$ のとき,

$$\begin{aligned}\sum_{n=1}^{\infty} r^n e^{in\theta} &= \sum_{n=1}^{\infty} (re^{i\theta})^n = \frac{re^{i\theta}}{1 - re^{i\theta}} \\ &= \frac{re^{i\theta}(1 - re^{-i\theta})}{(1 - re^{i\theta})(1 - re^{-i\theta})} = \frac{re^{i\theta} - r^2}{1 + r^2 - r(e^{i\theta} + e^{-i\theta})}.\end{aligned}$$

ここでオイラーの公式, $e^{i\theta} = \cos\theta + i\sin\theta$ を使うと, 上式は, 次のようになる．

$$\sum_{n=1}^{\infty} r^n(\cos n\theta + i\sin n\theta) = \frac{r\cos\theta + ir\sin\theta - r^2}{1 + r^2 - 2r\cos\theta}.$$

両辺の実部をとると,

$$\sum_{n=1}^{\infty} r^n \cos n\theta = \frac{r\cos\theta - r^2}{1 + r^2 - 2r\cos\theta}.$$

2倍して1をたすと,

$$1 + 2\sum_{n=1}^{\infty} r^n \cos n\theta = \frac{1 - r^2}{1 + r^2 - 2r\cos\theta}.$$

この式を (3.91) に代入すると,

$$u(r,\theta) = \frac{1}{2\pi}\int_{-\pi}^{\pi} \frac{1 - r^2}{1 - 2r\cos(\theta - t) + r^2} f(t)dt \tag{3.92}$$

となる．この式は**ポアソンの積分公式**と呼ばれている．従って次の定理が成り立つ．

定理 3.6. $f(\theta)$ が区分的に滑らか, 連続で周期 2π の周期関数ならば, (3.80), (3.81), (3.82) の解は (3.92) によって与えられる.

結局, 解は $f(\theta)$ のフーリエ級数によって表示することができて, それを変形するとポアソンの積分公式が得られる. これが $f(\theta)$ による解の直接的な表示を与えている. では, (3.80)–(3.82) の解は (3.92) で与えられたものだけであろうか. それとも, 他にも解があるのだろうか.

定理 3.7. (3.80), (3.81), (3.82) の解は, 唯一つである. 従ってそれは (3.92) によって与えられたものだけである.

証明. N 次元の領域に対しても証明ができるので, Ω を $\mathbb{R}^N$ の滑らかな境界を持つ有界領域として証明する. N 変数のラプラシアンを $\Delta = \sum_{i=1}^{N} \partial^2/\partial x_i^2$ により定義する. このとき,

$$\begin{aligned} \Delta u &= 0, \qquad (x \in \Omega), \\ u &= f, \qquad (x \in \partial\Omega), \end{aligned} \tag{3.93}$$

の解の一意性を示す. この方程式の任意の 2 つの解 u_1, u_2 をとる. $u(x) = u_1(x) - u_2(x)$ とおく. このとき, $u(x)$ は, 次の式を満たす.

$$\Delta u = 0, \quad (x \in \Omega), \tag{3.94}$$

$$u = 0, \quad (x \in \partial\Omega). \tag{3.95}$$

連続微分可能なベクトル値関数 $v(x)$ に対して, ガウスの発散公式

$$\int_\Omega \operatorname{div} v \, dx = \int_{\partial\Omega} v \cdot \nu \, ds$$

が成り立つ. 関数 $u(x)$ の勾配 (gradient) ∇u を次のように定義する.

$$\nabla u = \left(\frac{\partial u}{\partial x_1}, \frac{\partial u}{\partial x_2}, \ldots, \frac{\partial u}{\partial x_N} \right), \quad |\nabla u|^2 = \sum_{i=1}^{N} \left(\frac{\partial u}{\partial x_i} \right)^2.$$

$v = u\nabla u$ とおく. $\operatorname{div} v = u\Delta u + |\nabla u|^2$, $v \cdot \nu = u\partial u/\partial\nu$ なので,

$$\int_\Omega (u\Delta u + |\nabla u|^2) dx = \int_{\partial\Omega} u \frac{\partial u}{\partial \nu} ds \tag{3.96}$$

となる. ここで, $\frac{\partial u}{\partial \nu}$ は u の外向き法線微分を表す. (3.94), (3.95) を (3.96) に代入すると,

$$\int_{\Omega} |\nabla u|^2 dx = 0$$

が得られる. 従って, Ω 内で $\nabla u \equiv 0$ となり, $u(x)$ は定数となる. (3.95) により, その定数は 0 である. よって, $u(x) \equiv 0$ となり, $u_1(x) \equiv u_2(x)$ が成り立つ. すなわち, 解は唯一つである. 証明終. □

こうして解の一意性が証明されたが, もう一つの証明方法がある. それは, 最大値原理を使った方法である. ここでは, 一般の領域 Ω と N 次元のラプラシアンに対する最大値原理を示そう. n 階までのすべての偏導関数が存在して, それらが連続であるような Ω 上の関数 $u(x)$ の全体を $C^n(\Omega)$ と書く.

定理 3.8 (弱最大値原理). Ω は $\mathbb{R}^N$ の有界な開集合とする. $u \in C^2(\Omega) \cap C(\overline{\Omega})$ であり, $\Delta u \geqq 0$ $(x \in \Omega)$ とする. このとき, $u(x)$ の $\overline{\Omega}$ 上での最大値は, その境界 $\partial\Omega$ 上でとる.

この定理は空間 1 次元のときは明らかである. 実際に, Ω を区間 (a, b) とする. 1 次元のときは $\Delta u = u''$ となる. このとき, 定理の仮定 $u'' \geqq 0$ $(a < x < b)$ より $u(x)$ は下に凸である. 従って $u(x)$ は最大値を区間の端点 $x = a$ または $x = b$ でとる. これが最大値原理の意味するところである. しかし $N \geqq 2$ のときは $\Delta u \geqq 0$ であっても, $u(x)$ が下に凸とは限らない. 実際に, $u(x, y) = x^2 - y^2$ は $\Delta u = 0$ を満たすが下に凸でない. この場合, 定理 3.8 は自明なことではない.

定理 3.8 の証明. $v(x) = u(x) + \varepsilon |x|^2$ $(\varepsilon > 0)$ とおく. ここで, $x = (x_1, x_2, \ldots, x_N)$ のとき, $|x|$ は x のユークリッドノルムであり,

$$|x| = \sqrt{x_1^2 + x_2^2 + \cdots x_N^2}$$

と定義される. $v(x)$ の $\overline{\Omega}$ における最大値は $\partial\Omega$ 上でとることを証明する. これに反して, Ω 内のある点 $P(p_1, p_2, \ldots, p_N)$ で $v(x)$ が最大になったと仮定

する．このとき，変数 x_1 の 1 変数関数 $v(x_1, p_2, \ldots, p_N)$ を考える．この関数は $x_1 = p_1$ で最大になるので，$v_{x_1 x_1}(p_1, p_2, \ldots, p_N) \leqq 0$ となる．同様にして，$v_{x_2 x_2}(P) \leqq 0, \ldots, v_{x_N x_N}(P) \leqq 0$ となる．ゆえに，

$$\Delta v(P) = \sum_{i=1}^{N} v_{x_i x_i}(P) \leqq 0. \tag{3.97}$$

一方，

$$\Delta |x|^2 = \sum_{i=1}^{N} \frac{\partial^2 |x|^2}{\partial x_i^2} = 2N,$$

であり，仮定により $\Delta u \geqq 0$ なので，

$$\Delta v = \Delta u + \varepsilon \Delta |x|^2 \geqq 2\varepsilon N > 0, \quad (x \in \Omega), \tag{3.98}$$

となる．(3.97) と (3.98) は互いに矛盾している．よって，$v(x)$ の最大値は $\partial\Omega$ 上でとる．

$$M = \max_{\partial\Omega} u(x), \quad L = \max_{\partial\Omega} |x|^2,$$

とおく．$x \in \overline{\Omega}$ のとき，

$$u(x) \leqq v(x) \leqq \max_{y \in \partial\Omega} v(y) \leqq M + \varepsilon L,$$

となり，$\max_{\overline{\Omega}} u(x) \leqq M + \varepsilon L$ が得られる．$\varepsilon > 0$ は任意なので，

$$\max_{\overline{\Omega}} u(x) \leqq M = \max_{\partial\Omega} u(x)$$

が成り立つ．逆向きの不等式は明らかなので，$\max_{\overline{\Omega}} u(x) = \max_{\partial\Omega} u(x)$ が得られる．証明終．　□

定理 3.7 の別証明には，定理 3.8 だけで十分であるが，定理 3.8 よりも強い次の結果が知られている．

定理 3.9 (強最大値原理). Ω は，滑らかな境界を持つ $\mathbb{R}^N$ の連結開集合とする．$u \in C^2(\Omega)$, $\Delta u \geqq 0$ $(x \in \Omega)$ を仮定する．このとき，もし $u(x)$ が Ω 内のある点で最大値を取れば，u は定数である．

この証明は複雑なので省略する．興味のある読者は，参考文献 [5, p.144, 定理 3.1] を見よ．弱最大値原理を使ってディリクレ問題の解の一意性を証明しよう．

定理 3.7 の別証明. u_1, u_2 を (3.93) の任意の解とする．$u(x) = u_1(x) - u_2(x)$ とおく．このとき，$u(x)$ は (3.94), (3.95) を満たす．u 及び $-u$ に定理 3.8 を適用すると，$u(x)$ の最大値，最小値は境界 $\partial\Omega$ 上でとる．しかし，境界上で $u \equiv 0$ なので，Ω 内で $u \equiv 0$ である．すなわち，$u_1 \equiv u_2$ となり，解は一意である．証明終. □

第4章

フーリエ変換

4.1 フーリエ変換の定義

偏微分方程式を解くときに, フーリエ級数と並んで重要な手法にフーリエ変換がある. フーリエ級数が有界区間での偏微分方程式の解法に有効なのに対して, フーリエ変換は無限区間での偏微分方程式の解法に使われる. 本章ではフーリエ変換について考えていく. まずその定義から始める. $f(x)$ を区間 $(-\infty, \infty)$ で定義された複素数値関数とする. $|f(x)|$ が区間 $(-\infty, \infty)$ で積分可能であるとき, すなわち,

$$\int_{-\infty}^{\infty} |f(x)| dx < \infty,$$

であるとき, $f(x)$ は**絶対可積分**であると言われる. f が絶対可積分であることと $f \in L^1(\mathbb{R}, \mathbb{C})$ は同じことである. ここで $L^1(\mathbb{R}, \mathbb{C})$ は例 2.1 で定義した $L^p(\Omega, \mathbb{C})$ において, $p = 1$, $\Omega = \mathbb{R}$ としたものである.

定義 4.1. $f(x)$, $F(x)$ が $(-\infty, \infty)$ で定義された絶対可積分な複素数値関数であるとき,

$$\widehat{f}(\xi) = \mathscr{F}[f](\xi) = \frac{1}{\sqrt{2\pi}} \int_{-\infty}^{\infty} f(x) e^{-i\xi x} dx, \tag{4.1}$$

$$\check{F}(x) = \mathscr{F}^{-1}[F](x) = \frac{1}{\sqrt{2\pi}} \int_{-\infty}^{\infty} F(\xi) e^{i\xi x} d\xi, \tag{4.2}$$

と定義する. $\widehat{f}$ (または $\mathscr{F}[f]$) を f の**フーリエ変換**といい, $\check{F}$ (または $\mathscr{F}^{-1}[F]$) を F の**フーリエ逆変換**という.

(4.1), (4.2) の積分に出てくる i は, 虚数単位の $i = \sqrt{-1}$ であり, $e^{i\xi x}$ はオイラーの公式により,

$$e^{i\xi x} = \cos \xi x + i \sin \xi x,$$

となる. またフーリエ変換とフーリエ逆変換は, 積分の中の $e^{-i\xi x}$, $e^{i\xi x}$ の部分が異なっていることに注意しよう. (4.1) の右辺の積分は収束している. 実際に $|e^{-i\xi x}| = 1$ なので,

$$\int_{-\infty}^{\infty} |f(x) e^{-i\xi x}| dx = \int_{-\infty}^{\infty} |f(x)| dx < \infty,$$

となる. (4.2) の積分も収束する.

注意 4.1. フーリエ変換の定義では,

$$\widehat{f}(\xi) = \int_{-\infty}^{\infty} f(x) e^{-i\xi x} dx,$$

とする流儀や, 積分の前に係数 $1/2\pi$ が付いているものなどがある. この本では, (4.1) の式で定義する. どの定義も本質的に違いはない. しかし本, 文献を参照するときは, フーリエ変換がどの定義になっているかに注意しなくてはいけない. 定数倍のずれが生じるからである.

例題 4.1. $f(x) = \begin{cases} 1 & (|x| \leqq 1), \\ 0 & (|x| > 1), \end{cases}$ のフーリエ変換を求めよ.

定義に従って計算する.

$$\widehat{f}(\xi) = \frac{1}{\sqrt{2\pi}} \int_{-\infty}^{\infty} f(x) e^{-i\xi x} dx = \frac{1}{\sqrt{2\pi}} \int_{-1}^{1} e^{-i\xi x} dx$$
$$= \frac{1}{\sqrt{2\pi}} \left[-\frac{1}{i\xi} e^{-i\xi x} \right]_{-1}^{1} = \frac{1}{\sqrt{2\pi} i\xi} (e^{i\xi} - e^{-i\xi}) = \sqrt{\frac{2}{\pi}} \frac{\sin \xi}{\xi}.$$

最後の等式では, オイラーの公式 $e^{i\xi} = \cos \xi + i \sin \xi$ が使われている.

例題 4.2. $f(x) = e^{-a|x|} \quad (a > 0)$ のフーリエ変換を求めよ.

$$\widehat{f}(\xi) = \frac{1}{\sqrt{2\pi}} \int_{-\infty}^{\infty} f(x) e^{-i\xi x} dx$$
$$= \frac{1}{\sqrt{2\pi}} \int_{-\infty}^{0} e^{ax} e^{-i\xi x} dx + \frac{1}{\sqrt{2\pi}} \int_{0}^{\infty} e^{-ax} e^{-i\xi x} dx.$$

この広義積分を計算する. $X > 0$ のとき,

$$\int_0^X e^{-ax} e^{-i\xi x} dx = \left[\frac{1}{-a - i\xi} e^{(-a-i\xi)x} \right]_0^X = \frac{1}{a + i\xi} \left(1 - e^{-(a+i\xi)X} \right).$$

ここで, $e^{-(a+i\xi)X} \to 0 \quad (X \to \infty)$ なので,

$$\lim_{X \to \infty} \int_0^X e^{-ax} e^{-i\xi x} dx = \frac{1}{a + i\xi}.$$

すなわち,

$$\int_0^{\infty} e^{-ax} e^{-i\xi x} dx = \frac{1}{a + i\xi}.$$

同様にして,

$$\int_{-\infty}^{0} e^{ax} e^{-i\xi x} dx = \frac{1}{a - i\xi}.$$

よって,

$$\widehat{f}(\xi) = \frac{1}{\sqrt{2\pi}} \left(\frac{1}{a - i\xi} + \frac{1}{a + i\xi} \right) = \sqrt{\frac{2}{\pi}} \frac{a}{a^2 + \xi^2}.$$

例題 4.3. $f(x) = \begin{cases} \sin x & (|x| \leqq \pi), \\ 0 & (|x| > \pi), \end{cases}$ のフーリエ変換を求めよ．

$$\begin{aligned} \widehat{f}(\xi) &= \frac{1}{\sqrt{2\pi}} \int_{-\infty}^{\infty} f(x) e^{-i\xi x} dx = \frac{1}{\sqrt{2\pi}} \int_{-\pi}^{\pi} \sin x \, e^{-i\xi x} dx \\ &= \frac{1}{\sqrt{2\pi}} \int_{-\pi}^{\pi} \sin x \cos \xi x dx - \frac{i}{\sqrt{2\pi}} \int_{-\pi}^{\pi} \sin x \sin \xi x dx. \end{aligned} \tag{4.3}$$

$\sin x \cos \xi x$ は，x について奇関数なので，この関数の $(-\pi, \pi)$ での積分は 0 になる．さらに 2 番目の積分は，$\sin x \sin \xi x$ が x について偶関数なので，

$$\begin{aligned} \int_{-\pi}^{\pi} \sin x \sin \xi x dx &= 2 \int_{0}^{\pi} \sin x \sin \xi x dx \\ &= 2 \int_{0}^{\pi} \frac{1}{2} (\cos(\xi - 1)x - \cos(\xi + 1)x) dx \\ &= \left[\frac{1}{\xi - 1} \sin(\xi - 1)x - \frac{1}{\xi + 1} \sin(\xi + 1)x \right]_{0}^{\pi} \\ &= \frac{1}{\xi - 1} \sin(\xi - 1)\pi - \frac{1}{\xi + 1} \sin(\xi + 1)\pi \\ &= -\frac{2}{\xi^2 - 1} \sin \pi\xi. \end{aligned}$$

これを (4.3) に代入して，

$$\widehat{f}(\xi) = i\sqrt{\frac{2}{\pi}} \frac{\sin \pi\xi}{\xi^2 - 1}.$$

4.2 フーリエ変換の性質

フーリエ変換の性質を調べよう．

定理 4.1. $f(x)$, $g(x)$ を $(-\infty, \infty)$ での絶対可積分関数とする．このとき次が成り立つ．

(i) (線形性) 任意の複素数 α, β に対して，

$$\mathscr{F}[\alpha f + \beta g] = \alpha \mathscr{F}[f] + \beta \mathscr{F}[g].$$

(ii) 任意の実数 $a \neq 0$ に対して,

$$\mathscr{F}[f(ax)](\xi) = \frac{1}{|a|}\mathscr{F}[f]\left(\frac{\xi}{a}\right).$$

(iii) 任意の実数 c に対して,

$$\mathscr{F}[f(x-c)](\xi) = e^{-ic\xi}\mathscr{F}[f](\xi).$$

(iv) 任意の実数 c に対して,

$$\mathscr{F}[f(x)e^{icx}](\xi) = \mathscr{F}[f](\xi - c).$$

証明. (i) は積分の持つ線形性からすぐ得られる. 実際,

$$\begin{aligned}\mathscr{F}[\alpha f + \beta g] &= \frac{1}{\sqrt{2\pi}}\int_{-\infty}^{\infty}(\alpha f(x) + \beta g(x))e^{-i\xi x}dx \\ &= \alpha\frac{1}{\sqrt{2\pi}}\int_{-\infty}^{\infty}f(x)e^{-i\xi x}dx + \beta\frac{1}{\sqrt{2\pi}}\int_{-\infty}^{\infty}g(x)e^{-i\xi x}dx,\end{aligned}$$

なので, (i) が成り立つ. (ii) を示そう. $a > 0$ のとき, 次の積分で, $t = ax$ とおくと,

$$\mathscr{F}[f(ax)] = \frac{1}{\sqrt{2\pi}}\int_{-\infty}^{\infty}f(ax)e^{-i\xi x}dx = \frac{1}{\sqrt{2\pi}\,a}\int_{-\infty}^{\infty}f(t)e^{-i\xi t/a}dt$$

となり, (ii) が得られる. $a < 0$ の場合も同様に計算できる.

(iii) を示す. 次の積分で $y = x - c$ とおくと,

$$\begin{aligned}\mathscr{F}[f(x-c)](\xi) &= \frac{1}{\sqrt{2\pi}}\int_{-\infty}^{\infty}f(x-c)e^{-i\xi x}dx \\ &= \frac{1}{\sqrt{2\pi}}\int_{-\infty}^{\infty}f(y)e^{-i\xi(y+c)}dy \\ &= e^{-ic\xi}\frac{1}{\sqrt{2\pi}}\int_{-\infty}^{\infty}f(y)e^{-i\xi y}dy,\end{aligned}$$

となり, (iii) が得られる. (iv) は次のように示される.

$$\begin{aligned}\mathscr{F}[f(x)e^{icx}](\xi) &= \frac{1}{\sqrt{2\pi}}\int_{-\infty}^{\infty} f(x)e^{icx}e^{-i\xi x}dx \\ &= \frac{1}{\sqrt{2\pi}}\int_{-\infty}^{\infty} f(x)e^{-i(\xi-c)x}dx = \widehat{f}(\xi-c).\end{aligned}$$

□

フーリエ変換 $\widehat{f}(\xi)$ が有界な連続関数になることを証明しよう.

定理 4.2. 絶対可積分な関数 $f(x)$ のフーリエ変換 $\widehat{f}(\xi)$ は有界で一様連続な関数である. さらに, $\lim_{\xi\to\pm\infty}\widehat{f}(\xi)=0$ である.

この定理を示すために次の補題を用意する.

補題 4.1 (リーマン・ルベーグの補題). I を有界または非有界な区間とする. $f(x)$ が区間 I で絶対可積分な関数ならば,

$$\int_I f(x)e^{i\xi x}dx \to 0 \quad (\xi\to\pm\infty). \tag{4.4}$$

証明. まず $I=(a,b)$ が有界区間の場合に証明する. 2つの Step に分ける.

Step 1. $f\in C^1([a,b],\mathbb{C})$ の場合に補題を示す. 部分積分をすると,

$$\begin{aligned}\int_a^b f(x)\cos\xi x dx &= \int_a^b f(x)\left(\frac{1}{\xi}\sin\xi x\right)' dx \\ &= \left[f(x)\xi^{-1}\sin\xi x\right]_a^b - \int_a^b f'(x)\frac{1}{\xi}\sin\xi x dx \\ &= \frac{1}{\xi}f(b)\sin\xi b - \frac{1}{\xi}f(a)\sin\xi a - \frac{1}{\xi}\int_a^b f'(x)\sin\xi x dx\end{aligned}$$

ゆえに,

$$\begin{aligned}&\left|\int_a^b f(x)\cos\xi x dx\right| \\ &\leqq \frac{1}{|\xi|}|f(b)| + \frac{1}{|\xi|}|f(a)| + \frac{1}{|\xi|}\int_a^b |f'(x)|dx \to 0 \quad (\xi\to\pm\infty).\end{aligned}$$

$f(x)\sin\xi x$ の積分についても上と同様に証明できる．ゆえに，$\xi \to \pm\infty$ のとき，

$$\int_a^b f(x)e^{i\xi x}dx = \int_a^b f(x)\cos\xi x dx + i\int_a^b f(x)\sin\xi x dx \to 0.$$

Step 2. $f \in L^1((a,b),\mathbb{C})$ の場合を考える．補題 2.5 より $C_0^\infty((a,b),\mathbb{C})$ は，$L^1((a,b),\mathbb{C})$ において稠密なので，$\|f_n - f\|_{L^1} \to 0$ $(n \to \infty)$ を満たす関数列 $f_n \in C_0^\infty((a,b),\mathbb{C})$ をとることができる．ただし，$\|\cdot\|_1$ は例 2.1 で定義した L^1 ノルムである．すなわち，

$$\|f_n - f\|_1 = \int_a^b |f_n(x) - f(x)|dx \to 0 \quad (n \to \infty).$$

次のように計算する．

$$\begin{aligned}\left|\int_a^b f(x)e^{i\xi x}dx\right| &\leqq \left|\int_a^b (f(x) - f_n(x))e^{i\xi x}dx\right| + \left|\int_a^b f_n(x)e^{i\xi x}dx\right| \\ &\leqq \|f - f_n\|_{L^1} + \left|\int_a^b f_n(x)e^{i\xi x}dx\right|\end{aligned}$$

Step 1 より，$\xi \to \pm\infty$ のとき，上式最後の積分は 0 に収束する．よって，

$$\limsup_{\xi \to \pm\infty}\left|\int_a^b f(x)e^{i\xi x}dx\right| \leqq \|f - f_n\|_{L^1}.$$

$n \to \infty$ として

$$\limsup_{\xi \to \pm\infty}\left|\int_a^b f(x)e^{i\xi x}dx\right| = 0.$$

これは $I = (a,b)$ に対する (4.4) を示している．

次に $I = \mathbb{R}$ の場合に証明する．$f \in L^1(\mathbb{R},\mathbb{C})$ と仮定する．$\varepsilon > 0$ を任意に与える．このとき，十分大きな $T > 0$ をとると，

$$\int_{-\infty}^{-T} |f(x)|dx + \int_T^\infty |f(x)|dx < \varepsilon,$$

とできる．よって，

$$\begin{aligned}
&\left|\int_{-\infty}^{\infty} f(x)e^{i\xi x}dx\right| \\
&\leqq \int_{-\infty}^{-T} |f(x)e^{i\xi x}|dx + \left|\int_{-T}^{T} f(x)e^{i\xi x}dx\right| + \int_{T}^{\infty} |f(x)e^{i\xi x}|dx \\
&\leqq \varepsilon + \left|\int_{-T}^{T} f(x)e^{i\xi x}dx\right|
\end{aligned}$$

となる．上の式で $I = (-T, T)$ に対しての (4.4) を使うと，

$$\limsup_{\xi\to\pm\infty} \left|\int_{-\infty}^{\infty} f(x)e^{i\xi x}dx\right| \leqq \varepsilon.$$

$\varepsilon > 0$ は任意なので，上式は $I = \mathbb{R}$ のときの (4.4) を意味する．

半開区間 $I = (-\infty, T)$ や $I = (T, \infty)$ の場合も上と同様に証明できる．証明終． □

定理 4.2 の証明．

$$|\widehat{f}(\xi)| = \left|\frac{1}{\sqrt{2\pi}}\int_{-\infty}^{\infty} f(x)e^{-i\xi x}dx\right| \leqq \frac{1}{\sqrt{2\pi}}\int_{-\infty}^{\infty} |f(x)|dx < \infty,$$

となり，右辺は ξ に無関係な定数なので，$\widehat{f}(\xi)$ は有界な関数である．次に $\varepsilon > 0$ を任意に与える．$|f(x)|$ は積分可能なので，$T > 0$ を十分大きくとると，

$$\int_{-\infty}^{-T} |f(x)|dx + \int_{T}^{\infty} |f(x)|dx < \varepsilon, \tag{4.5}$$

とできる. $\xi, \eta \in (-\infty, \infty)$ に対して,

$$\begin{aligned}
&|\widehat{f}(\xi) - \widehat{f}(\eta)| \\
&\quad = \left| \frac{1}{\sqrt{2\pi}} \int_{-\infty}^{\infty} f(x) e^{-i\xi x} dx - \frac{1}{\sqrt{2\pi}} \int_{-\infty}^{\infty} f(x) e^{-i\eta x} dx \right| \\
&\quad \leqq \frac{1}{\sqrt{2\pi}} \int_{-\infty}^{-T} |f(x)||e^{-i\xi x} - e^{-i\eta x}| dx \\
&\qquad + \frac{1}{\sqrt{2\pi}} \int_{T}^{\infty} |f(x)||e^{-i\xi x} - e^{-i\eta x}| dx \\
&\qquad + \frac{1}{\sqrt{2\pi}} \int_{-T}^{T} |f(x)||e^{-i\xi x} - e^{-i\eta x}| dx \\
&\quad \leqq \frac{2\varepsilon}{\sqrt{2\pi}} + \frac{1}{\sqrt{2\pi}} \int_{-T}^{T} |f(x)||e^{-i\xi x} - e^{-i\eta x}| dx. \qquad (4.6)
\end{aligned}$$

次に, $g(t) = \exp(-i\{t\xi + (1-t)\eta\}x)$ とおくと,

$$|g'(t)| = |-i(\xi - \eta)x \exp(-i\{t\xi + (1-t)\eta\}x)| = |\xi - \eta||x|,$$

なので,

$$|e^{-i\xi x} - e^{-i\eta x}| = |g(1) - g(0)| = \left| \int_0^1 g'(t) dt \right| \leqq |\xi - \eta||x|,$$

となる. これを (4.6) に代入すると,

$$\begin{aligned}
|\widehat{f}(\xi) - \widehat{f}(\eta)| &\leqq \frac{2\varepsilon}{\sqrt{2\pi}} + \frac{1}{\sqrt{2\pi}} \int_{-T}^{T} |f(x)||\xi - \eta||x| dx \\
&\leqq \frac{2\varepsilon}{\sqrt{2\pi}} + \frac{T|\xi - \eta|}{\sqrt{2\pi}} \int_{-T}^{T} |f(x)| dx.
\end{aligned}$$

ゆえに,

$$\sup_{|\xi - \eta| < \delta} |\widehat{f}(\xi) - \widehat{f}(\eta)| \leqq 2\varepsilon/\sqrt{2\pi} + \frac{T\delta}{\sqrt{2\pi}} \int_{-T}^{T} |f(x)| dx.$$

$$\limsup_{\delta \to +0} \left(\sup_{|\xi - \eta| < \delta} |\widehat{f}(\xi) - \widehat{f}(\eta)| \right) \leqq 2\varepsilon/\sqrt{2\pi}.$$

$\varepsilon > 0$ は任意の正の数なので,

$$\limsup_{\delta \to +0} \left(\sup_{|\xi - \eta| < \delta} |\widehat{f}(\xi) - \widehat{f}(\eta)| \right) = 0,$$

となる. よって, $\widehat{f}(\xi)$ は一様連続である.

補題 4.1 より

$$\widehat{f}(\xi) = \frac{1}{\sqrt{2\pi}} \int_{-\infty}^{\infty} f(x) e^{-i\xi x} dx \to 0 \quad (\xi \to \pm\infty),$$

となるので, $\lim_{\xi \to \pm\infty} \widehat{f}(\xi) = 0$ が成り立つ. 証明終 □

4.3 フーリエの反転公式

フーリエ変換をして逆変換をすると元に戻ることを証明する. 次の公式は, フーリエの反転公式, または フーリエ積分公式と呼ばれる.

定理 4.3 (フーリエの反転公式). $f(x)$ は, $(-\infty, \infty)$ で区分的に滑らかであり, 絶対可積分であると仮定する. このとき次の等式が成り立つ.

$$\frac{1}{2}(f(x+0) + f(x-0)) = \mathscr{F}^{-1}\mathscr{F}[f](x) = \lim_{R \to \infty} \frac{1}{\sqrt{2\pi}} \int_{-R}^{R} \widehat{f}(\xi) e^{i\xi x} d\xi. \tag{4.7}$$

さらに $f(x)$ が連続ならば,

$$f(x) = \mathscr{F}^{-1}\mathscr{F}[f](x) = \lim_{R \to \infty} \frac{1}{\sqrt{2\pi}} \int_{-R}^{R} \widehat{f}(\xi) e^{i\xi x} d\xi. \tag{4.8}$$

証明. (4.7) のみ示せばよい. なぜならば, $f(x)$ が連続のとき $f(x+0) = f(x-0) = f(x)$ なので, (4.7) から (4.8) が従う. $\widehat{f}(\xi)$ の定義をもう一度書くと,

$$\widehat{f}(\xi) = \frac{1}{\sqrt{2\pi}} \int_{-\infty}^{\infty} f(y) e^{-i\xi y} dy,$$

なので, 次の式が得られる.

$$
\begin{aligned}
I_R &\equiv \frac{1}{\sqrt{2\pi}}\int_{-R}^{R}\widehat{f}(\xi)e^{i\xi x}d\xi \\
&= \frac{1}{\sqrt{2\pi}}\int_{-R}^{R}\left(\frac{1}{\sqrt{2\pi}}\int_{-\infty}^{\infty}f(y)e^{-i\xi y}dy\right)e^{i\xi x}d\xi \\
&= \frac{1}{2\pi}\int_{-\infty}^{\infty}f(y)\left(\int_{-R}^{R}e^{i(x-y)\xi}d\xi\right)dy. \qquad (4.9)
\end{aligned}
$$

上式に出てくる積分を計算すると,

$$
\begin{aligned}
\int_{-R}^{R}e^{i(x-y)\xi}d\xi &= \left[\frac{1}{i(x-y)}e^{i(x-y)\xi}\right]_{-R}^{R} \\
&= \frac{1}{i(x-y)}\left(e^{i(x-y)R}-e^{-i(x-y)R}\right) \\
&= \frac{2\sin(x-y)R}{x-y} \qquad (4.10)
\end{aligned}
$$

となる. (4.10) を (4.9) に代入すると,

$$
I_R = \frac{1}{\pi}\int_{-\infty}^{\infty}f(y)\frac{\sin(x-y)R}{x-y}dy
$$

が得られる. $x-y$ を再び y と置きなおすと,

$$
I_R = \frac{1}{\pi}\int_{-\infty}^{\infty}f(x-y)\frac{\sin Ry}{y}dy
$$

となる. この積分区間を $(-\infty, 0)$ と $(0, \infty)$ に分けて $(-\infty, 0)$ 区間において, y を $-y$ と置きなおすと,

$$
\begin{aligned}
I_R &= \frac{1}{\pi}\int_{-\infty}^{0}f(x-y)\frac{\sin Ry}{y}dy + \frac{1}{\pi}\int_{0}^{\infty}f(x-y)\frac{\sin Ry}{y}dy \\
&= \frac{1}{\pi}\int_{0}^{\infty}f(x+y)\frac{\sin Ry}{y}dy + \frac{1}{\pi}\int_{0}^{\infty}f(x-y)\frac{\sin Ry}{y}dy \qquad (4.11)
\end{aligned}
$$

となる. ここで次の定積分を使う.

$$\int_0^\infty \frac{\sin t}{t} dt = \frac{\pi}{2}.$$

次式で $t = Ry$ と置換積分し, 上の式を使うと,

$$\frac{1}{\pi}\int_0^\infty \frac{\sin Ry}{y} dy = \frac{1}{\pi}\int_0^\infty \frac{\sin t}{t} dt = \frac{1}{2}$$

となる. 両辺に $f(x+0)$ をかけると,

$$\frac{1}{2}f(x+0) = \frac{1}{\pi}\int_0^\infty f(x+0)\frac{\sin Ry}{y} dy,$$

が得られる. 同様にして,

$$\frac{1}{2}f(x-0) = \frac{1}{\pi}\int_0^\infty f(x-0)\frac{\sin Ry}{y} dy.$$

(4.11) から上の2式を引くと

$$\begin{aligned} I_R &- \frac{1}{2}(f(x+0) + f(x-0)) \\ &= \frac{1}{\pi}\int_0^\infty \frac{f(x+y) - f(x+0)}{y} \sin Ry\, dy \\ &\quad + \frac{1}{\pi}\int_0^\infty \frac{f(x-y) - f(x-0)}{y} \sin Ry\, dy \end{aligned}$$

ここで, 次のように J_R, K_R を定義する.

$$J_R = \frac{1}{\pi}\int_0^\infty \frac{f(x+y) - f(x+0)}{y} \sin Ry\, dy,$$

$$K_R = \frac{1}{\pi}\int_0^\infty \frac{f(x-y) - f(x-0)}{y} \sin Ry\, dy.$$

このとき,

$$I_R - \frac{1}{2}(f(x+0) + f(x-0)) = J_R + K_R$$

となる. $R \to \infty$ のとき, J_R, K_R が 0 に収束することを示せば,

$$\lim_{R\to\infty} I_R = \frac{1}{2}(f(x+0) + f(x-0))$$

が成り立ち, 定理が証明される. $\lim_{R\to\infty} J_R = 0$ を示す. x を任意に固定し,

$$g(y) = \frac{f(x+y) - f(x+0)}{y} \qquad (y > 0),$$

とおく. f は区分的に連続なので, $g(y)$ も $(0, \infty)$ で区分的に連続になる. さらに, f は区分的に滑らかなので, $\lim_{y\to+0} g(y) = f'(x+0)$ となり, g は $[0, \infty)$ で区分的に連続となる. $\varepsilon > 0$ を任意に与える. $T > 0$ を十分大きくとると,

$$\left|\int_T^\infty \frac{f(x+y)}{y} \sin Ry\, dy\right| \leqq \frac{1}{T}\int_T^\infty |f(x+y)|dy < \varepsilon,$$

$$\begin{aligned}\left|\int_T^\infty \frac{f(x+0)}{y} \sin Ry\, dy\right| &= |f(x+0)|\left|\int_T^\infty \frac{\sin Ry}{y} dy\right| \\ &\leqq |f(x+0)|\left|\int_{RT}^\infty \frac{\sin t}{t} dt\right| < \varepsilon,\end{aligned}$$

とできる. 最後の計算では, $t = Ry$ とおいた. よって,

$$\left|\int_T^\infty g(y) \sin Ry\, dy\right| \leqq 2\varepsilon.$$

この式を使うと

$$\begin{aligned}&\frac{1}{\pi}\left|\int_0^\infty g(y) \sin Ry\, dy\right| \\ &\leqq \frac{1}{\pi}\left|\int_0^T g(y) \sin Ry\, dy\right| + \frac{1}{\pi}\left|\int_T^\infty g(y) \sin Ry\, dy\right| \\ &\leqq \frac{1}{\pi}\left|\int_0^T g(y) \sin Ry\, dy\right| + 2\varepsilon/\pi. \qquad (4.12)\end{aligned}$$

$g(y)$ は $[0,T]$ で区分的に連続なので絶対可積分になる．補題 4.1 より，

$$\int_0^T g(y)\sin Ry\,dy \to 0 \quad (R\to\infty),$$

となる．この式と (4.12) より，

$$\limsup_{R\to\infty}|J_R| = \limsup_{R\to\infty}\left|\frac{1}{\pi}\int_0^\infty g(y)\sin Ry\,dy\right| \leqq 2\varepsilon/\pi,$$

が出る．$\varepsilon>0$ は任意なので，$\lim_{R\to\infty} J_R = 0$ となる．$\lim_{R\to\infty} K_R = 0$ も同様に証明できる．証明終． □

4.4 正弦変換と余弦変換

定義 4.2. $f(x)$, $F(x)$ を $(0,\infty)$ で定義された絶対可積分な関数とする．

(i) 次の式 (4.13) により定義される $F_c(\xi)$ を f の**フーリエ余弦変換**という．また，(4.14) により F から g を定義するとき，$g(x)$ を F の**フーリエ余弦逆変換**という．

$$F_c(\xi) = \sqrt{\frac{2}{\pi}}\int_0^\infty f(x)\cos\xi x dx, \tag{4.13}$$

$$g(x) = \sqrt{\frac{2}{\pi}}\int_0^\infty F(\xi)\cos\xi x d\xi. \tag{4.14}$$

(ii) f の**フーリエ正弦変換** F_s と，F の**フーリエ正弦逆変換** g を次の 2 式により定義する．

$$F_s(\xi) = \sqrt{\frac{2}{\pi}}\int_0^\infty f(x)\sin\xi x dx, \tag{4.15}$$

$$g(x) = \sqrt{\frac{2}{\pi}}\int_0^\infty F(\xi)\sin\xi x d\xi. \tag{4.16}$$

余弦変換とその逆変換, 正弦変換とその逆変換は全く同じ形をしている. 正弦変換や余弦変換の積分区間は $(0,\infty)$ となっていることに注意しよう. これらは偶関数や奇関数のフーリエ変換に対応している. 実際に, フーリエ変換の定義式は,

$$
\begin{aligned}
\widehat{f}(\xi) &= \frac{1}{\sqrt{2\pi}}\int_{-\infty}^{\infty} f(x)e^{-i\xi x}dx \\
&= \frac{1}{\sqrt{2\pi}}\int_{-\infty}^{\infty} f(x)\cos\xi x dx - \frac{i}{\sqrt{2\pi}}\int_{-\infty}^{\infty} f(x)\sin\xi x dx, \qquad (4.17)
\end{aligned}
$$

である. ここで, $f(x)$ が偶関数と仮定しよう. このとき $f(x)\sin\xi x$ は x について奇関数なので, その積分は 0 になる. また $f(x)\cos\xi x$ が x について偶関数なので, (4.17) の右辺の第 1 番目の積分は次のようになる.

$$
\frac{1}{\sqrt{2\pi}}\int_{-\infty}^{\infty} f(x)\cos\xi x dx = \sqrt{\frac{2}{\pi}}\int_{0}^{\infty} f(x)\cos\xi x dx = F_c(\xi).
$$

従って, $\widehat{f}(\xi) = F_c(\xi)$ となり, f が偶関数のときのフーリエ変換は, フーリエ余弦変換と一致することがわかる. (4.17) において, $f(x)$ が奇関数のとき, $\widehat{f}(\xi) = -iF_s(\xi)$ となる. 以上を次の定理にまとめる.

定理 4.4. $f(x)$ を $(-\infty,\infty)$ で定義された絶対可積分な関数とする. $f(x)$ の余弦変換, 正弦変換をそれぞれ $F_c(\xi)$, $F_s(\xi)$ と表す.

(i) $f(x)$ が偶関数ならば, $\widehat{f}(\xi) = F_c(\xi)$ である.
(ii) $f(x)$ が奇関数ならば, $\widehat{f}(\xi) = -iF_s(\xi)$ である.

例題 4.4. $f(x) = e^{-ax}$, $(x \geqq 0,\ a > 0)$ のフーリエ余弦変換とフーリエ正弦変換を求めよ.

$$
F_c(\xi) = \sqrt{\frac{2}{\pi}}\int_{0}^{\infty} f(x)\cos\xi x dx = \sqrt{\frac{2}{\pi}}\int_{0}^{\infty} e^{-ax}\cos\xi x dx. \qquad (4.18)
$$

$$
F_s(\xi) = \sqrt{\frac{2}{\pi}}\int_{0}^{\infty} e^{-ax}\sin\xi x dx. \qquad (4.19)
$$

これらの積分値を求めよう. $X > 0$ に対して,

$$I = \int_0^X e^{-ax} \cos \xi x dx$$

とおいて, 部分積分すると,

$$\begin{aligned} I &= \int_0^X \left(-\frac{1}{a}e^{-ax}\right)' \cos \xi x dx \\ &= \left[-\frac{1}{a}e^{-ax} \cos \xi x\right]_0^X - \int_0^X \left(-\frac{1}{a}e^{-ax}\right)(-\xi \sin \xi x) dx \\ &= -\frac{1}{a}(e^{-aX} \cos \xi X - 1) - \frac{\xi}{a} \int_0^X e^{-ax} \sin \xi x dx. \end{aligned} \tag{4.20}$$

次に最後の積分を J とおいて, 部分積分する. すなわち,

$$\begin{aligned} J &= \int_0^X e^{-ax} \sin \xi x dx \\ &= \int_0^X \left(-\frac{1}{a}e^{-ax}\right)' \sin \xi x dx \\ &= \left[-\frac{1}{a}e^{-ax} \sin \xi x\right]_0^X - \int_0^X \left(-\frac{1}{a}e^{-ax}\right)(\xi \cos \xi x) dx \\ &= -\frac{1}{a}e^{-aX} \sin \xi X + \frac{\xi}{a} \int_0^X e^{-ax} \cos \xi x dx. \end{aligned} \tag{4.21}$$

(4.20), (4.21) より

$$I = -\frac{1}{a}(e^{-aX} \cos \xi X - 1) - \frac{\xi}{a} J, \tag{4.22}$$

$$J = -\frac{1}{a}e^{-aX} \sin \xi X + \frac{\xi}{a} I. \tag{4.23}$$

ここで, $X \to \infty$ とするときの, I, J の極限値をそれぞれ I_∞, J_∞ とおく.

$$\lim_{X\to\infty} e^{-aX} \cos \xi X = 0, \quad \lim_{X\to\infty} e^{-aX} \sin \xi X = 0,$$

なので, (4.22), (4.23) は次のようになる.

$$I_\infty = \frac{1}{a} - \frac{\xi}{a} J_\infty, \quad J_\infty = \frac{\xi}{a} I_\infty.$$

これらを I_∞, J_∞ を未知数とする 2 元連立方程式として解くと,

$$I_\infty = \int_0^\infty e^{-ax} \cos \xi x dx = \frac{a}{a^2+\xi^2},$$

$$J_\infty = \int_0^\infty e^{-ax} \sin \xi x dx = \frac{\xi}{a^2+\xi^2}.$$

これらを (4.18), (4.19) に代入すると,

$$F_c(\xi) = \sqrt{\frac{2}{\pi}} \frac{a}{a^2+\xi^2}, \quad F_s(\xi) = \sqrt{\frac{2}{\pi}} \frac{\xi}{a^2+\xi^2}.$$

となる. $F_c(\xi)$ は 例題 4.2 と同じ答となっている. これは, 例題 4.2 の関数は, 偶関数なので, そのフーリエ変換とフーリエ余弦変換が一致するためである.

例題 4.5. $f(x) = \begin{cases} x & (0 \leqq x \leqq 1), \\ 0 & (x > 1), \end{cases}$ のフーリエ余弦変換とフーリエ正弦変換を求めよ.

部分積分を行うと,

$$\begin{aligned} F_c(\xi) &= \sqrt{\frac{2}{\pi}} \int_0^\infty f(x) \cos \xi x dx = \sqrt{\frac{2}{\pi}} \int_0^1 x \cos \xi x dx \\ &= \sqrt{\frac{2}{\pi}} \int_0^1 x \left(\frac{1}{\xi} \sin \xi x \right)' dx \\ &= \sqrt{\frac{2}{\pi}} \left\{ \left[\frac{x}{\xi} \sin \xi x \right]_0^1 - \int_0^1 \frac{1}{\xi} \sin \xi x dx \right\} \\ &= \sqrt{\frac{2}{\pi}} \frac{\xi \sin \xi + \cos \xi - 1}{\xi^2}. \end{aligned}$$

$$\begin{aligned}
F_s(\xi) &= \sqrt{\frac{2}{\pi}}\int_0^\infty f(x)\sin\xi x dx = \sqrt{\frac{2}{\pi}}\int_0^1 x\sin\xi x dx \\
&= \sqrt{\frac{2}{\pi}}\int_0^1 x\left(-\frac{1}{\xi}\cos\xi x\right)' dx \\
&= \sqrt{\frac{2}{\pi}}\left\{\left[x(-\frac{1}{\xi}\cos\xi x)\right]_0^1 - \int_0^1 (-\frac{1}{\xi}\cos\xi x)dx\right\} \\
&= \sqrt{\frac{2}{\pi}}\frac{\sin\xi - \xi\cos\xi}{\xi^2}.
\end{aligned}$$

フーリエの反転公式で証明したように, フーリエ変換を行い, さらに逆変換を行うと元に戻る. これと同様のことが正弦変換, 余弦変換についても成り立つ.

定理 4.5. $f(x)$ を $[0,\infty)$ で定義された, 区分的に滑らかな絶対可積分関数とする. このとき次が成り立つ.

(i) f のフーリエ余弦変換を F_c と表すとき, $x > 0$ に対して,

$$\frac{1}{2}(f(x+0)+f(x-0)) = \lim_{R\to\infty}\sqrt{\frac{2}{\pi}}\int_0^R F_c(\xi)\cos\xi x d\xi. \quad (4.24)$$

(ii) f のフーリエ正弦変換を F_s と表すとき, $x > 0$ に対して,

$$\frac{1}{2}(f(x+0)+f(x-0)) = \lim_{R\to\infty}\sqrt{\frac{2}{\pi}}\int_0^R F_s(\xi)\sin\xi x d\xi. \quad (4.25)$$

もし $f(x)$ が連続ならば, (4.24), (4.25) の左辺は $f(x)$ になる. (4.24) の右辺は, $F_c(\xi)$ のフーリエ余弦逆変換である. すなわち, f をフーリエ余弦変換して, その後でそれをフーリエ余弦逆変換すると $f(x)$ に戻ることを上の定理は示している. 正弦変換についても同様である.

定理 4.5 の証明. (i) を示す. $f(x)$ を偶関数として $(-\infty,\infty)$ に拡張する. このとき, 定理 4.4 より

$$\widehat{f}(\xi) = \sqrt{\frac{2}{\pi}}\int_0^\infty f(x)\cos\xi x dx = F_c(\xi)$$

が成り立つ. この式と $F_c(\xi)$ が ξ について偶関数になることを使うと, $R>0$ に対して,

$$\frac{1}{\sqrt{2\pi}}\int_{-R}^{R}\widehat{f}(\xi)e^{i\xi x}d\xi=\frac{1}{\sqrt{2\pi}}\int_{-R}^{R}F_c(\xi)e^{i\xi x}d\xi$$
$$=\frac{1}{\sqrt{2\pi}}\int_{-R}^{R}F_c(\xi)\cos\xi x d\xi+\frac{i}{\sqrt{2\pi}}\int_{-R}^{R}F_c(\xi)\sin\xi x d\xi$$
$$=\sqrt{\frac{2}{\pi}}\int_{0}^{R}F_c(\xi)\cos\xi x d\xi$$

この式とフーリエの反転公式 (定理 4.3) により, (4.24) が得られる.

f が奇関数のとき定理 4.4 より $\widehat{f}(\xi)=-iF_s(\xi)$ が成り立つ. この式と $F_s(\xi)$ が ξ について奇関数であることを使うと (4.25) が証明できる. □

例題 4.6. $f(x)=\begin{cases}1 & (|x|\leqq 1),\\ 0 & (|x|>1),\end{cases}$ のフーリエ変換を求め, フーリエの反転公式を使って, 次の式を示せ.

$$\int_{0}^{\infty}\frac{\sin t}{t}dt=\frac{\pi}{2} \tag{4.26}$$

(4.26) の積分は, フーリエの反転公式の証明の中でも使っているが, 逆にフーリエの反転公式から, この積分値を導くこともできる. 関数 $f(x)$ のフーリエ変換は例題 4.1 で計算したように, $\widehat{f}(\xi)=\sqrt{\dfrac{2}{\pi}}\dfrac{\sin\xi}{\xi}$ である. $\widehat{f}(\xi)$ のフーリエ逆変換を求めるために次の計算をする.

$$\frac{1}{\sqrt{2\pi}}\int_{-R}^{R}\widehat{f}(\xi)e^{i\xi x}d\xi=\frac{1}{\sqrt{2\pi}}\int_{-R}^{R}\sqrt{\frac{2}{\pi}}\frac{\sin\xi}{\xi}(\cos\xi x+i\sin\xi x)d\xi$$
$$=\frac{1}{\pi}\int_{-R}^{R}\frac{\sin\xi\cos\xi x}{\xi}d\xi+\frac{i}{\pi}\int_{-R}^{R}\frac{\sin\xi\sin\xi x}{\xi}d\xi$$
$$=\frac{2}{\pi}\int_{0}^{R}\frac{\sin\xi\cos\xi x}{\xi}d\xi.$$

上の計算で $\sin\xi\cos\xi x/\xi$ は, ξ の関数として偶関数, $\sin\xi\sin\xi x/\xi$ は, 奇関数であることを使った. $f(x)$ は区分的に滑らかで絶対可積分なので, フーリ

エの反転公式を上式において使うと，

$$\frac{1}{2}(f(x+0)+f(x-0)) = \lim_{R\to\infty}\frac{1}{\sqrt{2\pi}}\int_{-R}^{R}\widehat{f}(\xi)e^{i\xi x}d\xi$$
$$= \lim_{R\to\infty}\frac{2}{\pi}\int_0^R \frac{\sin\xi\cos\xi x}{\xi}d\xi$$

$x=1$ を代入すると，$x=1$ での右極限 $f(1+0)=0$，左極限 $f(1-0)=1$ なので

$$\frac{1}{2} = \frac{2}{\pi}\int_0^\infty \frac{\sin\xi\cos\xi}{\xi}d\xi. \tag{4.27}$$

ここで，2 倍角の公式 $\sin 2\xi = 2\sin\xi\cos\xi$ を使いさらに $2\xi = t$ と変数変換すると，

$$\int_0^\infty \frac{\sin\xi\cos\xi}{\xi}d\xi = \frac{1}{2}\int_0^\infty \frac{\sin 2\xi}{\xi}d\xi = \frac{1}{2}\int_0^\infty \frac{\sin t}{t}dt$$

となる．これを (4.27) に代入すると，(4.26) が得られる．

例題 4.7. $f(x) = e^{-x}$ $(0 < x < \infty)$ のフーリエ余弦変換，フーリエ正弦変換を求め，フーリエの反転公式を使って次の積分の値を求めよ．

$$\int_0^\infty \frac{\cos t}{1+t^2}dt, \quad \int_0^\infty \frac{t\sin t}{1+t^2}dt.$$

$f(x) = e^{-x}$ は区分的に滑らかで，$(0,\infty)$ において絶対可積分な関数である．フーリエ余弦変換とフーリエ正弦変換は，例題 4.4 で計算したように，

$$F_c(\xi) = \sqrt{\frac{2}{\pi}}\frac{1}{1+\xi^2}, \quad F_s(\xi) = \sqrt{\frac{2}{\pi}}\frac{\xi}{1+\xi^2},$$

となる．フーリエ余弦変換についての反転公式 (4.24) を使う．$x>0$ のとき $f(x)$ は連続なので，

$$f(x) = e^{-x} = \sqrt{\frac{2}{\pi}}\int_0^\infty F_c(\xi)\cos\xi x d\xi = \frac{2}{\pi}\int_0^\infty \frac{\cos\xi x}{1+\xi^2}d\xi.$$

$x=1$ を代入すると,

$$\int_0^\infty \frac{\cos\xi}{1+\xi^2}d\xi = \frac{\pi}{2e}.$$

次にフーリエ正弦変換についての反転公式 (4.25) を使うと,

$$f(x) = e^{-x} = \sqrt{\frac{2}{\pi}}\int_0^\infty F_s(\xi)\sin\xi x d\xi = \frac{2}{\pi}\int_0^\infty \frac{\xi\sin\xi x}{1+\xi^2}d\xi.$$

$x=1$ のとき,

$$\int_0^\infty \frac{\xi\sin\xi}{1+\xi^2}d\xi = \frac{\pi}{2e}.$$

第5章

導関数と合成積のフーリエ変換

5.1 導関数のフーリエ変換

次の定理は, 関数の微分のフーリエ変換の公式である.

定理 5.1. $f(x)$ は, 1 回連続微分可能な絶対可積分関数, さらに $f'(x)$ も絶対可積分とする. このとき次の等式が成り立つ.

$$\widehat{f'}(\xi) = i\xi \widehat{f}(\xi). \tag{5.1}$$

この定理を証明するには, 次の補題を使う.

補題 5.1. $f(x)$ は 定理 5.1 と同じ仮定を満たすものとする. このとき,

$$\lim_{x \to \pm\infty} f(x) = 0.$$

証明. 微分積分学の基本定理により,

$$f(x) - f(0) = \int_0^x f'(t)dt,$$

が成り立つ. $f'(x)$ は絶対可積分なので, 右辺は $x \to \infty$, $x \to -\infty$ のとき, それぞれ収束する. ゆえに $f(x)$ は $x \to \infty$, $x \to -\infty$ のとき, それぞれ極限

値を持つ.

$$a = \lim_{x\to\infty} f(x), \quad b = \lim_{x\to-\infty} f(x)$$

とおく. $a = 0$ を示そう. これに反して, $a \neq 0$ と仮定する. 十分大きな $T > 0$ をとると, $x > T$ のとき $|f(x)| > |a|/2$ が成り立つ. このとき,

$$\int_T^\infty |f(x)|dx \geqq \int_T^\infty \frac{|a|}{2} dx = \infty,$$

となり, $f(x)$ が絶対可積分であることに反する. この矛盾は $a \neq 0$ の仮定により引き起こされている. ゆえに $a = 0$ である. 同様にして $b = 0$ も証明できる. 証明終. □

定理 5.1 の証明. f' のフーリエ変換を計算すると,

$$\widehat{f'}(\xi) = \frac{1}{\sqrt{2\pi}} \int_{-\infty}^{\infty} f'(x)e^{-i\xi x}dx = \lim_{R\to\infty} \frac{1}{\sqrt{2\pi}} \int_{-R}^{R} f'(x)e^{-i\xi x}dx. \quad (5.2)$$

右辺の積分を部分積分を使って計算すると,

$$\begin{aligned}\int_{-R}^{R} f'(x)e^{-i\xi x}dx &= \left[f(x)e^{-i\xi x}\right]_{-R}^{R} + i\xi \int_{-R}^{R} f(x)e^{-i\xi x}dx \\ &= f(R)e^{-i\xi R} - f(-R)e^{i\xi R} + i\xi \int_{-R}^{R} f(x)e^{-i\xi x}dx.\end{aligned}$$

$|e^{-i\xi R}| = |e^{i\xi R}| = 1$ に注意して, 補題 5.1 を使うと,

$$\lim_{R\to\infty} f(R)e^{-i\xi R} = \lim_{R\to\infty} f(-R)e^{i\xi R} = 0,$$

となる. よって,

$$\lim_{R\to\infty} \int_{-R}^{R} f'(x)e^{-i\xi x}dx = i\xi \int_{-\infty}^{\infty} f(x)e^{-i\xi x}dx = i\xi\sqrt{2\pi}\widehat{f}(\xi),$$

が得られる. これを (5.2) に代入して (5.1) を得る. 証明終. □

定理 5.1 の証明を n 回繰り返すと, n 階導関数のフーリエ変換が計算できる. 次の定理は, 微分方程式にフーリエ変換を応用するときに使われる.

定理 5.2. $f(x)$ は, n 回連続微分可能であり, $f(x)$ およびその n 階までのすべての導関数が絶対可積分であると仮定する. このとき次の等式が成り立つ.

$$\widehat{f^{(k)}}(\xi) = (i\xi)^k \widehat{f}(\xi), \quad (k = 1, 2, \ldots, n).$$

5.2 合成積

定義 5.1 (合成積). $(-\infty, \infty)$ で定義された関数 $f(x)$, $g(x)$ に対して,

$$(f * g)(x) = \int_{-\infty}^{\infty} f(x-y)g(y)dy$$

が存在するときに, これを $f(x)$ と $g(x)$ の**合成積** (または, たたみ込み) という.

以下の (i), (ii), (iii) のいずれかが成り立つ場合に合成積 $f * g$ は, 定義される.

(i) $f(x)$ または $g(x)$ の片方が絶対可積分で, もう片方が有界.
(ii) $f, g \in L^2(\mathbb{R})$.
(iii) $f, g \in L^1(\mathbb{R})$.

実際に (i) のとき, $f * g$ の定義式の積分は収束する. (ii) の場合は, シュワルツの不等式を使うと,

$$\int_{-\infty}^{\infty} |f(x-y)g(y)|dy$$
$$\leqq \left(\int_{-\infty}^{\infty} |f(x-y)|^2 dy\right)^{1/2} \left(\int_{-\infty}^{\infty} |g(y)|^2 dy\right)^{1/2} < \infty,$$

となり $f * g$ は定義される. (iii) の場合, $f * g$ の定義式の絶対値をとり, そ

の両辺を x について積分して，フビニの定理 (積分順序の交換) を使うと，

$$\begin{aligned}\int_{-\infty}^{\infty}|(f*g)(x)|dx &\leqq \int_{-\infty}^{\infty}\left(\int_{-\infty}^{\infty}|f(x-y)g(y)|dy\right)dx \\ &= \int_{-\infty}^{\infty}\left(\int_{-\infty}^{\infty}|f(x-y)|dx\right)|g(y)|dy \\ &= \int_{-\infty}^{\infty}|f(x)|dx\int_{-\infty}^{\infty}|g(y)|dy < \infty, \qquad (5.3)\end{aligned}$$

となり $f*g$ は L^1 関数になる．従って $(f*g)(x)$ の値はほとんど至るところ有限値になる．

注意 5.1. 実際には次の場合にも $f*g$ は定義される．

(i) $f \in L^p(\mathbb{R})$, $g \in L^q(\mathbb{R})$. ただし $1/p + 1q = 1$, $1 \leqq p, q \leqq \infty$. (参考文献 [1, p.32] を見よ.)

(ii) f, g の一方が $L^1(\mathbb{R})$ に属し，もう一方がある p $(1 \leqq p \leqq \infty)$ に対して $L^p(\mathbb{R})$ に属する．(参考文献 [4, p.12] を見よ.)

$f*g$ の定義式で $z = x - y$ とおくと，

$$(f*g)(x) = \int_{-\infty}^{\infty} f(z)g(x-z)dz = (g*f)(x)$$

が成り立つことがわかる．

例題 5.1. 次の関数 $f(x)$, $g(x)$ の合成積を求めよ．

$$f(x) = e^{-|x|}, \qquad g(x) = \begin{cases} 1 & (x > 0) \\ 0 & (x \leqq 0). \end{cases}$$

$x \geqq 0$ のとき

$$\begin{aligned}(f*g)(x) &= \int_{-\infty}^{\infty} f(x-y)g(y)dy = \int_0^{\infty} e^{-|x-y|}dy \\ &= \int_0^x e^{-x+y}dy + \int_x^{\infty} e^{x-y}dy = 2 - e^{-x}.\end{aligned}$$

$x < 0$ のとき,

$$(f * g)(x) = \int_{-\infty}^{\infty} f(x-y)g(y)dy = \int_{0}^{\infty} e^{x-y}dy = e^{x}.$$

ゆえに, $f * g$ は次のようになる.

$$(f * g)(x) = \begin{cases} 2 - e^{-x} & (x \geqq 0) \\ e^{x} & (x < 0). \end{cases}$$

合成積の性質を調べる. 式 (5.3) より次の補題が成り立つ.

補題 5.2. $f(x)$, $g(x)$ が絶対可積分ならば, $f * g$ も絶対可積分である.

合成積のフーリエ変換は, 次のようになる.

定理 5.3. $f(x)$, $g(x)$ は, どちらも絶対可積分であると仮定する. このとき,

$$\mathscr{F}[f * g](\xi) = \sqrt{2\pi}\widehat{f}(\xi)\widehat{g}(\xi). \tag{5.4}$$

証明. f, g が絶対可積分なので, 補題 5.2 より $f * g$ も絶対可積分となり, そのフーリエ変換が定義できる. $f * g$ のフーリエ変換を定義通りに計算する.

$$\begin{aligned}\mathscr{F}[f * g](\xi) &= \frac{1}{\sqrt{2\pi}}\int_{-\infty}^{\infty}(f * g)(x)e^{-i\xi x}dx \\ &= \frac{1}{\sqrt{2\pi}}\int_{-\infty}^{\infty}\left(\int_{-\infty}^{\infty} f(x-y)g(y)dy\right)e^{-i\xi x}dx\end{aligned}$$

となる. 積分順序を交換すると,

$$\mathscr{F}[f * g](\xi) = \int_{-\infty}^{\infty}\left(\frac{1}{\sqrt{2\pi}}\int_{-\infty}^{\infty} f(x-y)e^{-i\xi x}dx\right)g(y)dy. \tag{5.5}$$

x に関する積分において $z = x - y$ とおくと,

$$\begin{aligned}\frac{1}{\sqrt{2\pi}}\int_{-\infty}^{\infty} f(x-y)e^{-i\xi x}dx &= \frac{1}{\sqrt{2\pi}}\int_{-\infty}^{\infty} f(z)e^{-i\xi(y+z)}dz \\ &= e^{-i\xi y}\frac{1}{\sqrt{2\pi}}\int_{-\infty}^{\infty} f(z)e^{-i\xi z}dz = e^{-i\xi y}\widehat{f}(\xi),\end{aligned}$$

となる．この式を (5.5) に代入すると，

$$\begin{aligned}\mathscr{F}[f*g](\xi) &= \int_{-\infty}^{\infty} e^{-i\xi y}\widehat{f}(\xi)g(y)dy \\ &= \sqrt{2\pi}\widehat{f}(\xi)\frac{1}{\sqrt{2\pi}}\int_{-\infty}^{\infty} g(y)e^{-i\xi y}dy = \sqrt{2\pi}\widehat{f}(\xi)\widehat{g}(\xi)\end{aligned}$$

となり，(5.4) が成り立つ．証明終． □

定理 5.3 は合成積 $f*g$ をフーリエ変換すると，フーリエ変換 $\widehat{f}(\xi)$, $\widehat{g}(\xi)$ の積になることを意味する．逆に，積 $f(x)g(x)$ のフーリエ変換は，$\widehat{f}$ と $\widehat{g}$ の合成積になることを証明しよう．

補題 5.3. $f(x)$ または $g(x)$ は，区間 $(-\infty,\infty)$ で区分的に滑らかな連続関数とする．$f(x)$, $g(x)$, $f(x)g(x)$, $\widehat{f}(\xi)$, $\widehat{g}(\xi)$ は，すべて絶対可積分関数と仮定する．このとき，

$$\mathscr{F}[fg](\xi) = \frac{1}{\sqrt{2\pi}}(\widehat{f}*\widehat{g})(\xi).$$

この補題の仮定は弱めることができる．後の定理 5.7 でそれを示す．

証明. 仮定より $\widehat{f}(\xi)$, $\widehat{g}(\xi)$ が絶対可積分なので，合成積 $\widehat{f}*\widehat{g}$ が定義できる．$f(x)$ が区間 $(-\infty,\infty)$ で区分的に滑らかな連続関数と仮定する．$g(x)$ がこのような条件を満たす場合は，以下の証明において f と g を入れ替えれば良い．フーリエ変換の定義より，

$$\mathscr{F}[fg](\xi) = \frac{1}{\sqrt{2\pi}}\int_{-\infty}^{\infty} f(x)g(x)e^{-i\xi x}dx, \tag{5.6}$$

である．$f(x)$ が区分的に滑らか，連続で絶対可積分なので，フーリエの反転公式 (4.8) が成り立つ．これを (5.6) に代入すると，

$$\mathscr{F}[fg](\xi) = \frac{1}{\sqrt{2\pi}}\int_{-\infty}^{\infty}\left(\frac{1}{\sqrt{2\pi}}\int_{-\infty}^{\infty}\widehat{f}(\eta)e^{i\eta x}d\eta\right)g(x)e^{-i\xi x}dx$$

となる．積分順序を交換すると，

$$\begin{aligned}\mathscr{F}[fg](\xi) &= \frac{1}{\sqrt{2\pi}}\int_{-\infty}^{\infty}\widehat{f}(\eta)\left(\frac{1}{\sqrt{2\pi}}\int_{-\infty}^{\infty}g(x)e^{-i(\xi-\eta)x}dx\right)d\eta \\ &= \frac{1}{\sqrt{2\pi}}\int_{-\infty}^{\infty}\widehat{f}(\eta)\widehat{g}(\xi-\eta)d\eta = \frac{1}{\sqrt{2\pi}}(\widehat{f}*\widehat{g})(\xi),\end{aligned}$$

となり，求める等式が得られた．証明終． □

5.3 急減少関数のフーリエ変換

以下において，$f(x)$ は $\mathbb{R}$ 上で定義された複素数値関数とする．$f^{(n)}(x)$ は $f(x)$ の n 階導関数を表し，$f^{(0)}(x) = f(x)$ とする．すべての $n, m = 0, 1, 2, \ldots$ に対して，

$$\sup_{x\in\mathbb{R}}(1+x^2)^m|f^{(n)}(x)| < \infty, \tag{5.7}$$

を満たす関数 $f \in C^\infty(\mathbb{R}, \mathbb{C})$ の全体を $\mathcal{S}(\mathbb{R}) = \mathcal{S}(\mathbb{R}, \mathbb{C})$ と表す．すなわち，$f(x)$ の任意回の導関数に，任意の多項式をかけたものが有界になる関数 $f(x)$ の集合が $\mathcal{S}(\mathbb{R})$ である．$\mathcal{S}(\mathbb{R})$ を**急減少関数**の空間という．急減少関数の和，差，積，及びスカラー倍は，急減少関数になる．従って，$\mathcal{S}(\mathbb{R})$ は，線形空間になる．

定理 5.4. フーリエ変換 $\mathscr{F}$ は $\mathcal{S}(\mathbb{R})$ 上の全単射の線形変換であり，次の式が成り立つ．

$$\mathscr{F}^{-1}\mathscr{F}[f] = f, \quad \mathscr{F}\mathscr{F}^{-1}[f] = f, \quad (f \in \mathcal{S}(\mathbb{R})). \tag{5.8}$$

この定理を示すために次の記号を用意する．

$$\left(1 - \frac{d^2}{dx^2}\right)f(x) = f(x) - \frac{d^2 f}{dx^2} = f(x) - f''(x),$$

$$\left(1-\frac{d^2}{dx^2}\right)^2 f(x) = \left(1-\frac{d^2}{dx^2}\right)\left(1-\frac{d^2}{dx^2}\right) f(x)$$
$$= \left(1-\frac{d^2}{dx^2}\right)(f-f'')$$
$$= f - 2f'' + f^{(4)},$$

とする. 以下, 帰納的に

$$\left(1-\frac{d^2}{dx^2}\right)^n f(x) = \left(1-\frac{d^2}{dx^2}\right)\left(1-\frac{d^2}{dx^2}\right)^{n-1} f(x),$$

と定義する.

補題 5.4. $f, g \in \mathcal{S}(\mathbb{R})$ とする.

(i) 任意の $\alpha, \beta \in \mathbb{C}$ に対して, $\alpha f + \beta g \in \mathcal{S}(\mathbb{R})$ となる.

(ii) すべての自然数 n に対して, n 階導関数 $f^{(n)}(x)$ は $\mathcal{S}(\mathbb{R})$ に属する.

(iii) 任意の多項式 $P(x)$ に対して, $Pf \in \mathcal{S}(\mathbb{R})$ である.

(iv) すべての $p \in [1, \infty)$ に対して, $f \in L^p(\mathbb{R}, \mathbb{C})$ である.

(v) 次の式が成り立つ.

$$\mathscr{F}\left[\left(1-\frac{d^2}{dx^2}\right)^n f\right](\xi) = (1+\xi^2)^n \widehat{f}(\xi).$$

証明. (i), (ii) は明らかである. (iii) を示す. $g(x) = P(x)f(x)$ とおく. このとき $g(x)$ の k 階導関数は,

$$g^{(k)}(x) = \sum_{r=0}^{k} {}_kC_r P^{(k-r)}(x) f^{(r)}(x)$$

となる. ここで ${}_kC_r = \dfrac{k!}{(k-r)!r!}$ である. 上式から次の不等式が得られる.

$$|(1+x^2)^m g^{(k)}(x)| \leqq \sum_{r=0}^{k} {}_kC_r (1+x^2)^m |P^{(k-r)}(x) f^{(r)}(x)|.$$

右辺は, $f(x)$ の導関数に多項式をかけたものの絶対値の有限個の和であるから有界である. すなわち, $g \in \mathcal{S}(\mathbb{R})$ となる.

(iv) $f(x)$ は 急減少関数なので, ある定数 $C > 0$ があり, すべての実数 x に対して $(1+x^2)|f(x)| \leqq C$ が成り立つ. 従って,

$$\int_{-\infty}^{\infty} |f(x)|^p dx \leqq \int_{-\infty}^{\infty} \frac{C^p}{(1+x^2)^p} dx < \infty,$$

となり $f \in L^p(\mathbb{R}, \mathbb{C})$ である.

(v) 定理 5.2 より

$$\mathscr{F}\left[\left(1 - \frac{d^2}{dx^2}\right) f\right](\xi) = \mathscr{F}\left[f - f''\right](\xi) = (1+\xi^2)\widehat{f}(\xi)$$

となる. これを n 回繰り返すと (v) が得られる. 証明終. □

補題 5.5. フーリエ変換 $\mathscr{F}$ は $\mathcal{S}(\mathbb{R})$ から $\mathcal{S}(\mathbb{R})$ への線形変換になる.

証明. 簡単のため, $\mathcal{S}(\mathbb{R})$ を $\mathcal{S}$ と書く. $f \in \mathcal{S}$ のとき, $\mathscr{F}[f] \in \mathcal{S}$ を示す. $f \in \mathcal{S}$ を任意に与える. 補題 5.4(iv) より $f \in L^1(\mathbb{R}, \mathbb{C})$ なので $f(x)$ のフーリエ変換が定義できる.

$$\widehat{f}(\xi) = \frac{1}{\sqrt{2\pi}} \int_{-\infty}^{\infty} f(x) e^{-i\xi x} dx.$$

上式の両辺を ξ について n 回微分すると,

$$\frac{d^n}{d\xi^n}\widehat{f}(\xi) = \frac{1}{\sqrt{2\pi}} \int_{-\infty}^{\infty} f(x)(-ix)^n e^{-i\xi x} dx = \mathscr{F}[f(x)(-ix)^n](\xi) = \widehat{g}(\xi).$$

ただし, $g(x) = (-ix)^n f(x)$ とおいた. 補題 5.4 (iii) より, 急減少関数に多項式をかけたものは, 急減少関数なので $g \in \mathcal{S}$ である. 次に上の式の両辺に $(1+\xi^2)^m$ をかけて, 補題 5.4 (v) を使うと,

$$\begin{aligned}\left(1+\xi^2\right)^m \frac{d^n}{d\xi^n}\widehat{f}(\xi) &= (1+\xi^2)^m \widehat{g}(\xi) \\ &= \mathscr{F}\left[\left(1 - \frac{d^2}{dx^2}\right)^m g\right](\xi) = \widehat{h}(\xi),\end{aligned} \tag{5.9}$$

となる．ただし，$h(x) = (1 - d^2/dx^2)^m g(x)$ とおいた．$g \in \mathcal{S}$ なので，補題 5.4 (i), (ii) より h は急減少関数になる．補題 5.4 (iv) より，急減少関数は $L^1(\mathbb{R}, \mathbb{C})$ に属する．すなわち，$h(x)$ は絶対可積分となり，そのフーリエ変換は有界関数である．$\widehat{h}(\xi)$ は有界なので，(5.9) により $(1+\xi^2)^m (d^n/d\xi^n)\widehat{f}(\xi)$ は有界となる．すなわち $\widehat{f}$ は急減少関数である．以上により，$\mathscr{F}$ は $\mathcal{S}$ から $\mathcal{S}$ への写像である．定理 4.1 (i) より，$\mathscr{F}$ は線形写像である．□

定理 5.5. 急減少関数に対して次のパーセバルの等式が成り立つ．

$$\int_{-\infty}^{\infty} |\widehat{f}(\xi)|^2 d\xi = \int_{-\infty}^{\infty} |f(x)|^2 dx, \quad (f \in \mathcal{S}(\mathbb{R})). \tag{5.10}$$

証明. $f \in \mathcal{S}(\mathbb{R})$ とする．補題 5.5 より，$\widehat{f} \in \mathcal{S}(\mathbb{R})$ である．従って，すべての $p \in [1, \infty)$ に対して，$f, \widehat{f} \in L^p(\mathbb{R})$ となる．f は滑らかであり絶対可積分なので，定理 4.3 (フーリエの反転公式) より，

$$f(x) = \frac{1}{\sqrt{2\pi}} \int_{-\infty}^{\infty} \widehat{f}(\xi) e^{i\xi x} d\xi, \tag{5.11}$$

が成り立っている．フーリエ変換の定義式 (4.1) の両辺の複素共役をとると，

$$\overline{\widehat{f}(\xi)} = \frac{1}{\sqrt{2\pi}} \overline{\int_{-\infty}^{\infty} f(x) e^{-i\xi x} dx} = \frac{1}{\sqrt{2\pi}} \int_{-\infty}^{\infty} \overline{f(x)} e^{i\xi x} dx.$$

これを次の式で使う．

$$\begin{aligned} \int_{-\infty}^{\infty} |\widehat{f}(\xi)|^2 d\xi &= \int_{-\infty}^{\infty} \widehat{f}(\xi) \overline{\widehat{f}(\xi)} d\xi \\ &= \int_{-\infty}^{\infty} \widehat{f}(\xi) \frac{1}{\sqrt{2\pi}} \int_{-\infty}^{\infty} \overline{f(x)} e^{i\xi x} dx d\xi. \end{aligned} \tag{5.12}$$

ここで積分順序の交換をすると，この積分は次のように書き換わる．

$$\int_{-\infty}^{\infty} \left(\frac{1}{\sqrt{2\pi}} \int_{-\infty}^{\infty} \widehat{f}(\xi) e^{i\xi x} d\xi \right) \overline{f(x)} dx. \tag{5.13}$$

(5.11) を (5.13) の中の積分で使うと，(5.13) は次のように書き換わる．

$$\int_{-\infty}^{\infty} f(x) \overline{f(x)} dx = \int_{-\infty}^{\infty} |f(x)|^2 dx. \tag{5.14}$$

(5.12), (5.13), (5.14) より, (5.10) が成り立つ. 証明終. □

定理 5.4 を証明しよう. (4.8) から (5.8) が従うが, その前に $\mathscr{F}$ が $\mathcal{S}$ 上の全単射であることを示す必要がある. (4.2) で定義した $\mathscr{F}^{-1}$ は結局は $\mathscr{F}$ の逆変換になるのであるが, $\mathscr{F}^{-1}$ の記号を定理 5.4 の証明の中で使うことは, 混乱を招きやすい. $\mathscr{F}$ が全単射で $\mathscr{F}^{-1}$ が逆変換になることを証明するまでは, 以下の証明において $\mathscr{F}^{-1}$ の代わりに $\mathscr{G}$ を使うことにする. 次の式が $\mathscr{G}$ の定義である.

$$\mathscr{G}[F](x) = \frac{1}{\sqrt{2\pi}} \int_{-\infty}^{\infty} F(\xi) e^{i\xi x} d\xi.$$

次の式で変数変換 $x = -y$ を行うと,

$$\begin{aligned} \mathscr{F}[f(-x)](\xi) &= \frac{1}{\sqrt{2\pi}} \int_{-\infty}^{\infty} f(-x) e^{-i\xi x} dx \\ &= \frac{1}{\sqrt{2\pi}} \int_{-\infty}^{\infty} f(y) e^{i\xi y} dy = \mathscr{G}[f](\xi). \end{aligned}$$

すなわち,

$$\mathscr{F}[f(-x)](\xi) = \mathscr{G}[f](\xi). \tag{5.15}$$

$\mathscr{F}$ は $\mathcal{S}$ から $\mathcal{S}$ への線形変換なので, $\mathscr{G}$ も $\mathcal{S}$ から $\mathcal{S}$ への線形変換になる. 定理 5.4 を証明するために次の簡単な補題を準備する.

補題 5.6. A, B を集合とし, $f : A \to B$, $g : B \to A$ を写像とする. g は単射であり, すべての $x \in A$ に対して, $g(f(x)) = x$ が成り立つものと仮定する. このとき, f と g は全単射であり, $g(x) = f^{-1}(x)$ となる.

証明. $y \in B$ を任意に与える. $g(y) = x$ とおくと, $x \in A$ である. 仮定より $x = g(f(x))$ なので, $g(f(x)) = x = g(y)$ となる. g は単射なので $f(x) = y$ となる. これは f が全射であることを意味する. 次に f が単射であることを示す. $x_1, x_2 \in A$, $f(x_1) = f(x_2)$ を仮定する. このとき, $x_1 = g(f(x_1)) = g(f(x_2)) = x_2$ なので, f は単射である. 以上により, f は全単射である. $g(f(x)) = x$ より, $g(x) = f^{-1}(x)$ となり, g も全単射である. □

定理 5.4 の証明. $\mathcal{S}(\mathbb{R})$ を $\mathcal{S}$ と書く. 補題 5.5 より, $\mathscr{F}$ は $\mathcal{S}$ から $\mathcal{S}$ への線形変換である. (5.15) より $\mathscr{G}$ も $\mathcal{S}$ から $\mathcal{S}$ への線形変換である. (5.10) と (5.15) より

$$\|\mathscr{G}[f]\|_2 = \|\mathscr{F}[f(-x)]\|_2 = \|f(-x)\|_2 = \|f\|_2, \tag{5.16}$$

となり, $\mathscr{G}$ はパーセバルの等式を満たす. ゆえに, $\mathscr{G}$ は $\mathcal{S}$ から $\mathcal{S}$ への単射になる. 実際に, $f \in \mathcal{S}$, $\mathscr{G}[f] = 0$ と仮定する. このときパーセバルの等式 (5.16) より, $\|f\|_2 = \|\mathscr{G}[f]\|_2 = 0$ なので $f = 0$ となり, $\mathscr{G}$ は単射である. 定理 4.3 より

$$\mathscr{G}[\mathscr{F}[f]] = f \quad (f \in \mathcal{S}), \tag{5.17}$$

が成り立つ. $\mathscr{G}$ は単射であり, 上の式から $\mathscr{F}$ と $\mathscr{G}$ は補題 5.6 の条件を満たしている. ゆえに $\mathscr{F}$ と $\mathscr{G}$ は全単射であり, $\mathscr{G} = \mathscr{F}^{-1}$ となる. 証明終. □

5.4 L^2 におけるフーリエ変換

$L^p(\mathbb{R}, \mathbb{C})$ は $\mathbb{R}$ で定義された複素数値関数 $u(x)$ で, $|u(x)|^p$ が積分可能なものの全体であった. $L^p(\mathbb{R}, \mathbb{C})$ には, $d(f, g) = \|f - g\|_p$ として距離関数 d が定義されて, 距離空間になる. さらに, この距離に関して完備な空間となる. すなわち, バナッハ空間になる. 距離空間が完備であるとは, 任意のコーシー列 (基本列) が収束することである. 後で使うので, それを補題として述べておく.

補題 5.7 (L^p **空間の完備性**)**.** 関数列 $\{f_n\} \subset L^p(\mathbb{R}, \mathbb{C})$ が $\|f_n - f_m\|_p \to 0$ $(n, m \to \infty)$ を満たすならば, $\lim_{n\to\infty} \|f_n - f\|_p = 0$ となる関数 $f \in L^p(\mathbb{R}, \mathbb{C})$ が存在する.

次の包含関係に注意する.

$$C_0^\infty(\mathbb{R}, \mathbb{C}) \subset \mathcal{S}(\mathbb{R}, \mathbb{C}) \subset L^2(\mathbb{R}, \mathbb{C}).$$

この包含関係と補題 2.5 より次の補題が従う.

補題 5.8. $\mathcal{S}(\mathbb{R},\mathbb{C})$ は $L^2(\mathbb{R},\mathbb{C})$ において稠密である.

パーセバルの等式を利用して, フーリエ変換を $L^2(\mathbb{R},\mathbb{C})$ に拡張する. その前に, 現時点ではフーリエ変換は絶対可積分関数, すなわち $L^1(\mathbb{R},\mathbb{C})$ の関数に対してのみ定義されていることを思い出そう. ($\mathcal{S}$ に対しても定義されているが $\mathcal{S}\subset L^1(\mathbb{R},\mathbb{C})$ となっている.) $f\in L^2(\mathbb{R},\mathbb{C})$ を任意に与える. 補題 5.8 より, $\|f_n-f\|_2\to 0$ となる $f_n\in\mathcal{S}(\mathbb{R},\mathbb{C})$ をとることができる. $\{f_n\}$ は $L^2(\mathbb{R},\mathbb{C})$ において収束するので, この空間でのコーシー列である. パーセバルの等式 (5.10) により,

$$\|\mathscr{F}[f_n]-\mathscr{F}[f_m]\|_2=\|\mathscr{F}[f_n-f_m]\|_2=\|f_n-f_m\|_2\to 0\quad (n,m\to\infty),$$

となる. 従って, $\{\mathscr{F}[f_n]\}$ も $L^2(\mathbb{R},\mathbb{C})$ のコーシー列となる. 補題 5.7 により, この列は $L^2(\mathbb{R},\mathbb{C})$ において収束する. すなわち, ある極限 $F\in L^2(\mathbb{R},\mathbb{C})$ があり, $\|\mathscr{F}[f_n]-F\|_2\to 0$ $(n\to\infty)$ となる. このとき, $\mathscr{F}[f]=F$ として, f のフーリエ変換を定義する. すなわち,

$$\mathscr{F}[f]=\lim_{n\to\infty}\mathscr{F}[f_n].$$

この定義は, f に収束する列 $\{f_n\}$ のとり方によらずに決まる. 実際に $\{g_n\}$ も f に収束するならば, $\|\mathscr{F}[g_n]-\mathscr{F}[f_n]\|_2=\|g_n-f_n\|_2\to 0$ なので, $\mathscr{F}[g_n]$ と $\mathscr{F}[f_n]$ の極限が一致するからである. これを次の定義にまとめる.

定義 5.2. $f\in L^2(\mathbb{R},\mathbb{C})$ が与えられたとき, $\|f_n-f\|_2\to 0$ $(n\to\infty)$ となる関数列 $f_n\in\mathcal{S}(\mathbb{R},\mathbb{C})$ をとる. このとき, f のフーリエ変換 $\mathscr{F}[f]$ を $\mathscr{F}[f]=\lim_{n\to\infty}\mathscr{F}[f_n]$ により定義する.

以上のようにして フーリエ変換 が $L^2(\mathbb{R},\mathbb{C})$ 上で定義される. すなわち, フーリエ変換 $\mathscr{F}$ は $L^2(\mathbb{R},\mathbb{C})$ から $L^2(\mathbb{R},\mathbb{C})$ への写像になる. さらに定理 4.1 で証明したように

$$\mathscr{F}[\alpha f+\beta g]=\alpha\mathscr{F}[f]+\beta\mathscr{F}[g]\quad (\alpha,\beta\in\mathbb{C}),$$

なので, $\mathscr{F}$ は線形写像になる.

定理 5.6. フーリエ変換 $\mathscr{F}$ は $L^2(\mathbb{R},\mathbb{C})$ 上の全単射の等距離線形変換であり, 次の**パーセバルの等式**が成り立つ.

$$\|\widehat{f}\|_2 = \|f\|_2, \quad (\widehat{f},\widehat{g})_2 = (f,g)_2, \quad (f,g \in L^2(\mathbb{R},\mathbb{C})). \tag{5.18}$$

証明. $f \in L^2(\mathbb{R},\mathbb{C})$ を任意に与える. $\|f_n - f\|_2 \to 0$ $(n \to \infty)$ となる $f_n \in \mathcal{S}(\mathbb{R})$ をとる. 定理 5.5 より f_n はパーセバルの等式を満たすので, $\|\widehat{f_n}\|_2 = \|f_n\|_2$ である. この式で $n \to \infty$ とすると, (5.18) の第 1 式が得られる. $\mathscr{F}$ は, $L^2(\mathbb{R},\mathbb{C})$ から $L^2(\mathbb{R},\mathbb{C})$ への等距離線形変換になるので, 定理 2.3 より, $(\mathscr{F}[f],\mathscr{F}[g])_2 = (f,g)_2$, すなわち (5.18) の第 2 式が得られる.

$\mathscr{F}$ は, $L^2(\mathbb{R},\mathbb{C})$ における等距離線形変換なので単射である. 全射を示す. 与えられた $g \in L^2(\mathbb{R},\mathbb{C})$ に対して方程式,

$$\mathscr{F}[f] = g \tag{5.19}$$

が解 $f \in L^2(\mathbb{R},\mathbb{C})$ を持つことを示せばよい. 補題 5.8 より, 関数列 $\{g_n\} \subset \mathcal{S}(\mathbb{R})$ で, $\|g_n - g\|_2 \to 0$ なるものをとることができる. (5.16) より, $\mathscr{F}^{-1}$ もパーセバルの等式を満たしている. パーセバルの等式を使うと, $n, m \to \infty$ のとき,

$$\|\mathscr{F}^{-1}[g_n] - \mathscr{F}^{-1}[g_m]\|_2 = \|\mathscr{F}^{-1}[g_n - g_m]\|_2 = \|g_n - g_m\|_2 \to 0,$$

となり, $\{\mathscr{F}^{-1}[g_n]\}$ はコーシー列となる. 従って, それは $L^2(\mathbb{R},\mathbb{C})$ において収束する. その極限を $f \in L^2(\mathbb{R},\mathbb{C})$ とする. $f_n = \mathscr{F}^{-1}[g_n]$ とおく. このとき, $f_n \to f$, $\mathscr{F}[f_n] = g_n \to g$ である. $L^2(\mathbb{R},\mathbb{C})$ におけるフーリエ変換の定義より, $\mathscr{F}[f] = g$ である. すなわち, f は (5.19) の解である. よって $\mathscr{F}$ は全射である. 証明終. □

注意 5.2. 定理 5.6 の証明ではフーリエ変換 $\mathscr{F}$ が線形変換であり, 全単射になることを示している. 有限次元線形空間 $\mathbb{R}^N$ からそれ自身への線形写像に対して, それが単射になることと全射になることは同値である. しかし, 無限次元線形空間では, 線形写像は必ずしも単射と全射が同値とは限らない. そ

の例をあげる. 例 2.2 に出てきた数列の空間 $\ell^2(\mathbb{R})$ を使う.

$$\ell^2(\mathbb{R}) = \left\{ \xi = (\xi_1, \xi_2, \ldots) :\ \text{各}\ \xi_i\ \text{は実数}, \sum_{i=1}^{\infty} \xi_i^2 < \infty \right\}.$$

$\ell^2(\mathbb{R})$ から $\ell^2(\mathbb{R})$ への線形写像 T を $\xi = (\xi_1, \xi_2, \ldots)$ に対して,

$$T(\xi) = (0, \xi_1, \xi_2, \xi_3, \ldots),$$

と定義する. このとき, 明らかに T は $\ell^2(\mathbb{R})$ における等距離線形変換であり, 従って単射となる. しかし全射でない. 実際に

$$\eta = (1, 1/2, 1/3, \ldots, 1/n, \ldots)$$

とおくと, $\eta \in \ell^2(\mathbb{R})$ であるが, $T(\xi) = \eta$ となる ξ は存在しない. 従って全射でない. 次に, $\xi = (\xi_1, \xi_2, \ldots)$ に対して,

$$S(\xi) = (\xi_2, \xi_3, \ldots),$$

と定義する. このとき, S は $\ell^2(\mathbb{R})$ における全射線形変換であるが, 単射でない. 実際に, $(1, 1/2, 1/3, \ldots)$ と $(0, 1/2, 1/3, \ldots)$ を S で移すと同じ点に移るからである.

L^2 におけるフーリエ変換が定義できた. これを使って補題 5.3 の仮定を弱めよう.

定理 5.7. $f, g \in L^2(\mathbb{R}, \mathbb{C})$ に対して次が成り立つ.

$$\mathscr{F}[fg](\xi) = \frac{1}{\sqrt{2\pi}} (\widehat{f} * \widehat{g})(\xi). \tag{5.20}$$

上の定理を証明するために補題を用意する. フーリエ変換 (4.1) の両辺の絶対値をとると,

$$|\mathscr{F}[f](\xi)| \leqq \frac{1}{\sqrt{2\pi}} \|f\|_1, \tag{5.21}$$

が成り立つ. ただし, $\|f\|_1$ は $f(x)$ の L^1 ノルムを表す. この式から次の補題が従う.

補題 5.9. $f_n, f \in L^1(\mathbb{R}, \mathbb{C})$ とし, $\lim_{n\to\infty} \|f_n - f\|_1 = 0$ を仮定する. このとき, $\mathscr{F}[f_n](\xi)$ は $\mathscr{F}[f](\xi)$ に一様収束する.

証明. (5.21) に $f_n - f$ を代入すると,

$$\sup_{\xi\in\mathbb{R}} |\mathscr{F}[f_n - f](\xi)| \leqq \frac{1}{\sqrt{2\pi}} \|f_n - f\|_1 \to 0 \quad (n \to \infty),$$

なので $\mathscr{F}[f_n]$ は $\mathscr{F}[f]$ に一様収束する. □

補題 5.10. $f_n, f, g_n, g \in L^2(\mathbb{R}, \mathbb{C})$ とする. $n \to \infty$ のとき, 関数列 $\{f_n\}$ は f に, $\{g_n\}$ は g に $L^2(\mathbb{R}, \mathbb{C})$ において収束すると仮定する. このとき, 次が成り立つ.

(i) $\lim_{n\to\infty} \|f_n g_n - fg\|_1 = 0$.

(ii) $(f_n * g_n)(x)$ は $(f * g)(x)$ に一様収束する.

証明. (i) を示す. シュワルツの不等式 (2.9) を使うと,

$$\begin{aligned}\|f_n g_n - fg\|_1 &\leqq \|(f_n - f)g_n\|_1 + \|f(g_n - g)\|_1 \\ &\leqq \|f_n - f\|_2 \|g_n\|_2 + \|f\|_2 \|g_n - g\|_2 \to 0 \quad (n \to \infty).\end{aligned}$$

(ii) を示す. 合成積の定義とシュワルツの不等式 (2.9) より,

$$\begin{aligned}|(f_n * g_n)(x) - (f * g)(x)| &\leqq \int_{-\infty}^{\infty} |f_n(x-y)g_n(y) - f(x-y)g(y)| dy \\ &\leqq \int_{-\infty}^{\infty} |f_n(x-y) - f(x-y)||g_n(y)| dy \\ &\quad + \int_{-\infty}^{\infty} |f(x-y)||g_n(y) - g(y)| dy \\ &\leqq \|f_n - f\|_2 \|g_n\|_2 + \|f\|_2 \|g_n - g\|_2.\end{aligned}$$

ゆえに,

$$\begin{aligned}&\sup_{x\in\mathbb{R}} |(f_n * g_n)(x) - (f * g)(x)| \\ &\leqq \|f_n - f\|_2 \|g_n\|_2 + \|f\|_2 \|g_n - g\|_2 \to 0, \quad (n \to \infty).\end{aligned}$$

すなわち, $(f_n * g_n)(x)$ は $(f * g)(x)$ に一様収束する. □

定理 5.7 の証明. $f, g \in L^2(\mathbb{R}, \mathbb{C})$ を任意に与える. このとき, $fg \in L^1(\mathbb{R}, \mathbb{C})$ なので fg のフーリエ変換が定義できて, (5.20) の左辺は意味を持つ. $\widehat{f}, \widehat{g} \in L^2(\mathbb{R}, \mathbb{C})$ なので (5.20) の右辺も定義できる.

(5.20) を証明しよう. $\mathcal{S}(\mathbb{R})$ は $L^2(\mathbb{R}, \mathbb{C})$ の中で稠密なので,

$$\|f_n - f\|_2 \to 0, \quad \|g_n - g\|_2 \to 0 \quad (n \to \infty)$$

となる関数列 $\{f_n\}$, $\{g_n\}$ を $\mathcal{S}(\mathbb{R})$ の中から選ぶことができる. f_n, g_n に対しては補題 5.3 が成り立つので,

$$\mathscr{F}[f_n g_n](\xi) = \frac{1}{\sqrt{2\pi}}(\widehat{f_n} * \widehat{g_n})(\xi). \tag{5.22}$$

f_n は f に, g_n は g に $L^2(\mathbb{R}, \mathbb{C})$ において収束するので, 補題 5.10 (i) より $f_n g_n$ は fg に $L^1(\mathbb{R}, \mathbb{C})$ において収束する. このとき, 補題 5.9 より $\mathscr{F}(f_n g_n)(\xi)$ は $\mathscr{F}[fg](\xi)$ に一様収束する. またパーセバルの等式より, $n \to \infty$ のとき,

$$\|\widehat{f_n} - \widehat{f}\|_2 = \|f_n - f\|_2 \to 0, \quad \|\widehat{g_n} - \widehat{g}\|_2 = \|g_n - g\|_2 \to 0,$$

となる. このとき補題 5.10 (ii) より, $\widehat{f_n} * \widehat{g_n}$ は $\widehat{f} * \widehat{g}$ に一様収束する. 従って (5.22) において $n \to \infty$ とすると (5.20) が得られる. 証明終. □

第6章

無限区間における偏微分方程式

6.1 無限区間における熱方程式

フーリエ変換を使って偏微分方程式を解こう. 有限区間の偏微分方程式に対してはフーリエ級数を使うが, 無限区間の場合はフーリエ変換を使う.

均質な材質でできた, 太さが一定で無限に長い棒の温度分布を考える. ただし, この棒は密度, 熱伝導率, 比熱は一定であると仮定する. 棒に x 座標を入れ, 点 x, 時刻 t における棒の温度を $u(x,t)$ と表す. このとき, $u(x,t)$ は次の熱方程式を満たす.

$$\frac{\partial u}{\partial t} = c\,\frac{\partial^2 u}{\partial x^2} \qquad (-\infty < x < \infty,\ t > 0), \tag{6.1}$$

$$u(x,0) = f(x). \tag{6.2}$$

$c > 0$ は密度, 熱伝導率, 比熱から定まる定数で, $f(x)$ は時刻 $t = 0$ のときの初期温度分布である. $f(x)$ が与えられたときに, (6.1), (6.2) の解 $u(x,t)$ を求めるのが熱方程式の初期値問題である. これを解くために補題を 2 つ準備する.

補題 6.1.

$$\int_{-\infty}^{\infty} e^{-x^2} dx = \sqrt{\pi}.$$

証明. この公式は, 重積分の演習問題としてよく出てくる. まず, 上式左辺の積分値を I とおく. このとき,

$$I^2 = \int_{-\infty}^{\infty} e^{-x^2} dx \int_{-\infty}^{\infty} e^{-y^2} dy = \int_{-\infty}^{\infty} \int_{-\infty}^{\infty} e^{-(x^2+y^2)} dxdy. \tag{6.3}$$

ここで, 直交座標から極座標への変数変換

$$x = r\cos\theta, \quad y = r\sin\theta$$

を使う. このとき, x, y の動く範囲は $\mathbb{R}^2$ 全体であり, これに対応して r, θ の範囲は, $0 < r < \infty$, $0 \leqq \theta \leqq 2\pi$ となる. また, 座標変換のヤコビアンが r になる. すなわち, $dxdy = r\,drd\theta$ と変換される. 従って, (6.3) の積分は次のようになる.

$$I^2 = \int_0^{2\pi} \left\{ \int_0^{\infty} e^{-r^2} r\,dr \right\} d\theta.$$

上に出てきた r についての積分は, 次のように計算される.

$$\int_0^{\infty} e^{-r^2} r\,dr = -\frac{1}{2}\int_0^{\infty} (e^{-r^2})' dr = \frac{1}{2}.$$

これを使うと, $I^2 = \pi$ となり, 補題 6.1 を得る. 証明終. □

補題 6.2. $a > 0$ のとき,

$$\mathscr{F}[e^{-ax^2}](\xi) = \frac{1}{\sqrt{2a}} e^{-\xi^2/4a} \tag{6.4}$$

$$\mathscr{F}^{-1}[e^{-a\xi^2}](x) = \frac{1}{\sqrt{2a}} e^{-x^2/4a}. \tag{6.5}$$

証明. (6.4) のみ示せばよい. この式のフーリエ逆変換を取れば, (6.5) は容易に導かれる. $f(x) = e^{-ax^2}$, $F(\xi) = \widehat{f}(\xi)$ とおく. フーリエ変換の定義より

$$F(\xi) = \widehat{f}(\xi) = \frac{1}{\sqrt{2\pi}} \int_{-\infty}^{\infty} e^{-ax^2} e^{-ix\xi} dx. \tag{6.6}$$

両辺を ξ について微分すると，

$$\begin{aligned} F'(\xi) &= \frac{-i}{\sqrt{2\pi}} \int_{-\infty}^{\infty} x e^{-ax^2} e^{-ix\xi} dx \\ &= \frac{i}{2a\sqrt{2\pi}} \int_{-\infty}^{\infty} f'(x) e^{-ix\xi} dx \\ &= \frac{i}{2a} \mathscr{F}[f'](\xi). \end{aligned}$$

ここで，定理 5.1 を使うと，$\mathscr{F}[f'](\xi) = i\xi \widehat{f}(\xi) = i\xi F(\xi)$ なので，上の式は，

$$F'(\xi) = -\frac{1}{2a}\xi F(\xi)$$

となる．この変数分離形の微分方程式を解くと，

$$F(\xi) = F(0)e^{-\xi^2/4a} \tag{6.7}$$

が得られる．次に，(6.6) に $\xi = 0$ を代入し，さらに $t = \sqrt{a}x$ と置換積分して，最後に補題 6.1 を使うと

$$F(0) = \frac{1}{\sqrt{2\pi}} \int_{-\infty}^{\infty} e^{-ax^2} dx = \frac{1}{\sqrt{2\pi a}} \int_{-\infty}^{\infty} e^{-t^2} dt = \frac{1}{\sqrt{2a}}$$

となる．この式を (6.7) に代入すると (6.4) が得られる．証明終．　□

熱方程式 (6.1), (6.2) を解こう．$t > 0$ を任意に固定して，(6.1) の両辺を x の関数と考える．これを x についてフーリエ変換すると，

$$\frac{\partial}{\partial t}\mathscr{F}[u](\xi, t) = c\mathscr{F}\left[\frac{\partial^2 u}{\partial x^2}\right](\xi, t) \tag{6.8}$$

となる．定理 5.2 より

$$\mathscr{F}\left[\frac{\partial^2 u}{\partial x^2}\right](\xi, t) = (i\xi)^2 \widehat{u} = -\xi^2 \widehat{u}(\xi, t)$$

となるので，(6.8) は次のように書き換わる．

$$\frac{\partial}{\partial t}\widehat{u}(\xi, t) = -c\xi^2 \widehat{u}(\xi, t).$$

分かりやすくするために, ξ を任意に固定して, $\widehat{u}(\xi,t)$ を $v(t)$ と書く. このとき上式は,

$$v'(t) = -c\xi^2 v(t) \tag{6.9}$$

になる. これは t についての常微分方程式である. 元の熱方程式は偏微分方程式であるが, フーリエ変換を行ったために, 常微分方程式になったのである. これがフーリエ変換を行う理由である. (6.9) を解くと,

$$v(t) = v(0)e^{-c\xi^2 t}$$

となる. すなわち, $\widehat{u}(\xi,t) = \widehat{u}(\xi,0)e^{-c\xi^2 t}$ である. 一方, (6.2) より, $\widehat{u}(\xi,0) = \widehat{f}(\xi)$ なので,

$$\widehat{u}(\xi,t) = \widehat{f}(\xi)e^{-c\xi^2 t} \tag{6.10}$$

が得られる. ここで, 関数 F, G に対して次の式を証明する.

$$\mathscr{F}^{-1}[F(\xi)G(\xi)] = \frac{1}{\sqrt{2\pi}}\mathscr{F}^{-1}[F] * \mathscr{F}^{-1}[G]. \tag{6.11}$$

定理 5.3 より,

$$\mathscr{F}[f * g](\xi) = \sqrt{2\pi}\widehat{f}(\xi)\widehat{g}(\xi)$$

である. この両辺のフーリエ逆変換をとると,

$$f * g(x) = \sqrt{2\pi}\mathscr{F}^{-1}[\widehat{f}\widehat{g}](x)$$

となる. $F(\xi) = \widehat{f}(\xi)$, $G(\xi) = \widehat{g}(\xi)$ とおくと, (6.11) が得られる.

(6.10) の両辺のフーリエ逆変換をとり, (6.11) を使うと次が得られる.

$$u(x,t) = \mathscr{F}^{-1}[\widehat{f}(\xi)e^{-c\xi^2 t}](x) = \frac{1}{\sqrt{2\pi}}\mathscr{F}^{-1}[\widehat{f}] * \mathscr{F}^{-1}[e^{-c\xi^2 t}]. \tag{6.12}$$

フーリエの反転公式より, $\mathscr{F}^{-1}[\widehat{f}] = f$ であり, また (6.5) より,

$$\mathscr{F}^{-1}[e^{-c\xi^2 t}](x) = \frac{1}{\sqrt{2ct}}e^{-x^2/4ct}$$

が成り立つ．従って，(6.12) は次のように書き換わる．

$$u(x,t) = \frac{1}{\sqrt{2\pi}}\left(f * \frac{1}{\sqrt{2ct}}e^{-x^2/4ct}\right)(x)$$
$$= \frac{1}{2\sqrt{\pi ct}}\int_{-\infty}^{\infty} e^{-(x-y)^2/4ct} f(y)dy.$$

これが (6.1), (6.2) の解である．

注意 6.1. 上の計算からわかるようにフーリエ変換は，微分作用素を多項式に変換する性質がある．厳密には，定数係数の線形微分作用素を多項式に変換する．例えば定理 5.2 より

$$\mathscr{F}[u''(x)] = (i\xi)^2\mathscr{F}[u] = -\xi^2\mathscr{F}[u]$$

となり，d^2/dx^2 が $-\xi^2$ に変換されている．この性質が働いて，偏微分方程式 (6.1) をフーリエ変換すると，t についての常微分方程式になる．この常微分方程式は容易に解けるので，$\widehat{u}(\xi,t)$ が求まる．これをフーリエ逆変換すれば，もとの方程式の解 $u(x,t)$ が得られるわけである．このように，微分作用素が多項式に変換されることが，フーリエ変換を使うことの最大の利点である．

以上のようにして解を求めたときに，f のフーリエ変換を用いたので，f が絶対可積分であることを使っている．しかし，もっと一般の f に対しても上で求めた解の公式は有効である．実際に次の定理が成り立つ．

定理 6.1. $f(x)$ は，$(-\infty,\infty)$ で連続であり，ある定数 $C>0$, $0 \leqq \theta < 2$ に対して，

$$|f(x)| \leqq Ce^{|x|^\theta} \quad (x \in \mathbb{R}) \tag{6.13}$$

をみたすものとする．このとき，(6.1), (6.2) の解は，次の式で与えられる．

$$u(x,t) = \frac{1}{2\sqrt{\pi ct}}\int_{-\infty}^{\infty} e^{-(x-y)^2/4ct} f(y)dy. \tag{6.14}$$

証明. (6.13) を使うと，$t>0$ を任意に固定するときに，(6.14) の $u(x,t)$ に

対して,

$$|u(x,t)| \leqq \frac{C}{2\sqrt{\pi ct}} \int_{-\infty}^{\infty} e^{-(x-y)^2/4ct} e^{|y|^\theta} dy < \infty$$

となり, 積分は収束して, $u(x,t)$ は定義される. u が (6.1) を満たすことを示す. まず, t についての偏微分を計算する.

$$\begin{aligned}
\frac{\partial u}{\partial t} &= \frac{d}{dt}\left(\frac{1}{2\sqrt{\pi ct}}\right) \int_{-\infty}^{\infty} e^{-(x-y)^2/4ct} f(y)dy \\
&\quad + \frac{1}{2\sqrt{\pi ct}} \int_{-\infty}^{\infty} \frac{\partial}{\partial t}\left(e^{-(x-y)^2/4ct}\right) f(y)dy \\
&= -\frac{t^{-3/2}}{4\sqrt{\pi c}} \int_{-\infty}^{\infty} e^{-(x-y)^2/4ct} f(y)dy \\
&\quad + \frac{1}{2\sqrt{\pi ct}} \int_{-\infty}^{\infty} e^{-(x-y)^2/4ct} \left(\frac{(x-y)^2}{4ct^2}\right) f(y)dy,
\end{aligned}$$

となり, 整理すると次のようになる.

$$\frac{\partial u}{\partial t} = \frac{1}{2\sqrt{\pi ct}} \int_{-\infty}^{\infty} e^{-(x-y)^2/4ct} \left\{\frac{(x-y)^2}{4ct^2} - \frac{1}{2t}\right\} f(y)dy.$$

一方, x についての偏微分を求めると,

$$\frac{\partial u}{\partial x} = \frac{1}{2\sqrt{\pi ct}} \int_{-\infty}^{\infty} e^{-(x-y)^2/4ct} \left(-\frac{x-y}{2ct}\right) f(y)dy,$$

$$\frac{\partial^2 u}{\partial x^2} = \frac{1}{2\sqrt{\pi ct}} \int_{-\infty}^{\infty} e^{-(x-y)^2/4ct} \left\{\left(\frac{x-y}{2ct}\right)^2 - \frac{1}{2ct}\right\} f(y)dy,$$

となる. 上の計算結果の u_t と u_{xx} を比較して, u が (6.1) を満たすことが分かる. 次に (6.2) を示す. 任意の $x \in \mathbb{R}$ に対して, $\lim_{t\to+0} u(x,t) = f(x)$ を示そう. まず次の式に注意する.

$$\frac{1}{2\sqrt{\pi ct}} \int_{-\infty}^{\infty} e^{-(x-y)^2/4ct} dy = 1. \tag{6.15}$$

実際に, $z = (x-y)/2\sqrt{ct}$ とおいて, 補題 6.1 を使うと,

$$\int_{-\infty}^{\infty} e^{-(x-y)^2/4ct} dy = 2\sqrt{ct} \int_{-\infty}^{\infty} e^{-z^2} dz = 2\sqrt{\pi ct}$$

となるので, (6.15) が成り立つ. (6.15) の両辺に $f(x)$ をかけると,

$$f(x) = \frac{1}{2\sqrt{\pi ct}} \int_{-\infty}^{\infty} e^{-(x-y)^2/4ct} f(x) dy.$$

(6.14) から上の式を引くと,

$$u(x,t) - f(x) = \frac{1}{2\sqrt{\pi ct}} \int_{-\infty}^{\infty} e^{-(x-y)^2/4ct} (f(y) - f(x)) dy. \qquad (6.16)$$

今, $x \in \mathbb{R}$ を任意に固定する. $\varepsilon > 0$ を任意に与える. f は連続なので, $\delta > 0$ を十分小さくとると,

$$|x - y| < \delta \quad \text{のとき} \quad |f(x) - f(y)| < \varepsilon \qquad (6.17)$$

とできる. (6.16) を次のように評価する.

$$|u(x,t) - f(x)| \leqq I + J + K.$$

ここで, I, J, K は次のように定義する.

$$I = \frac{1}{2\sqrt{\pi ct}} \int_{x-\delta}^{x+\delta} e^{-(x-y)^2/4ct} |f(y) - f(x)| dy,$$

$$J = \frac{1}{2\sqrt{\pi ct}} \int_{-\infty}^{x-\delta} e^{-(x-y)^2/4ct} |f(y) - f(x)| dy,$$

$$K = \frac{1}{2\sqrt{\pi ct}} \int_{x+\delta}^{\infty} e^{-(x-y)^2/4ct} |f(y) - f(x)| dy.$$

(6.17) より,

$$I \leqq \frac{\varepsilon}{2\sqrt{\pi ct}} \int_{x-\delta}^{x+\delta} e^{-(x-y)^2/4ct} dy \leqq \frac{\varepsilon}{2\sqrt{\pi ct}} \int_{-\infty}^{\infty} e^{-(x-y)^2/4ct} dy = \varepsilon.$$

最後の式で (6.15) を使った. 次に K を評価する. $z = (y - x)/\sqrt{4ct}$ とおいて置換積分して, さらに (6.13) を使うと,

$$\begin{aligned} K &\leqq \frac{\sqrt{4ct}}{2\sqrt{\pi ct}} \int_{\delta/\sqrt{4ct}}^{\infty} e^{-z^2} \left(|f(\sqrt{4ct}z + x)| + |f(x)| \right) dz \\ &\leqq \frac{C}{\sqrt{\pi}} \int_{\delta/\sqrt{4ct}}^{\infty} e^{-z^2} \left(e^{|\sqrt{4ct}z + x|^\theta} + e^{|x|^\theta} \right) dz. \end{aligned}$$

$t > 0$ が十分小さいとき, $4ct < 1$ なので,

$$0 \leqq K \leqq \frac{C}{\sqrt{\pi}} \int_{\delta/\sqrt{4ct}}^{\infty} e^{-z^2} \left(e^{(z+|x|)^\theta} + e^{|x|^\theta} \right) dz.$$

$t \to +0$ のとき, 右辺は 0 に収束するので, K もそうである. 同様にして, J も 0 に収束する. 従って, $t > 0$ が十分小さいとき, $K, J < \varepsilon$ とできる. 以上により, 十分小さな $t > 0$ に対して,

$$|u(x,t) - f(x)| \leqq I + J + K < 3\varepsilon$$

が成り立つ. これは, $\lim_{t \to +0} u(x,t) = f(x)$ を示している. 証明終. □

注意 6.2. f に対する条件 (6.13) の下で, 方程式 (6.1), (6.2) の解の一意性も成り立つが, 証明は煩雑なので省略する. 興味のある読者は, 参考文献 [3, p.44, Theorem 10] を見よ.

次に無限区間 $(0, \infty)$ での熱方程式を考える.

$$\frac{\partial u}{\partial t} = c \frac{\partial^2 u}{\partial x^2} \qquad (0 < x < \infty,\ t > 0), \tag{6.18}$$

$$u(x,0) = f(x), \quad (\text{初期条件}) \tag{6.19}$$

$$u(0,t) = 0, \quad (\text{境界条件}). \tag{6.20}$$

$(x,t) = (0,0)$ まで込めて連続になる解 $u(x,t)$ があれば, (6.19), (6.20) より $0 = u(0,0) = f(0)$ となる. 従って, 解が存在するには $f(0) = 0$ が必要である. これも**整合条件** (compatibility condition) である. このとき, 次の定理が成り立つ.

定理 6.2. $f(x)$ は, $[0, \infty)$ で連続で $f(0) = 0$ であり, すべての $x \geqq 0$ に対して, (6.13) をみたすものとする. このとき (6.18)–(6.20) の解は, 次の式で与えられる.

$$u(x,t) = \frac{1}{2\sqrt{\pi ct}} \int_0^{\infty} \left\{ e^{-(x-y)^2/4ct} - e^{-(x+y)^2/4ct} \right\} f(y) dy.$$

証明. $f(x)$ が奇関数になるように $x<0$ の部分に拡張する. 次に $u(x,t)$ を (6.14) で定義する. このとき, $u(x,t)$ は x について奇関数になる. 実際に, 次の積分で $y=-z$ とおくと

$$\begin{aligned}
u(-x,t) &= \frac{1}{2\sqrt{\pi ct}}\int_{-\infty}^{\infty} f(y)e^{-(-x-y)^2/4ct}dy \\
&= \frac{1}{2\sqrt{\pi ct}}\int_{-\infty}^{\infty} f(-z)e^{-(-x+z)^2/4ct}dz \\
&= -\frac{1}{2\sqrt{\pi ct}}\int_{-\infty}^{\infty} f(z)e^{-(x-z)^2/4ct}dz = -u(x,t)
\end{aligned}$$

となるからである. u は連続な奇関数なので, $u(0,t)=0$ となる. $u(x,0)=f(x)$ は, 定理 6.1 で既に示している. 今, $u(x,t)$ を (6.14) で定義しているが, これが定理 6.2 の公式を満たすことを示そう. 積分区間を $(-\infty,0)$ と $(0,\infty)$ に分けると

$$\begin{aligned}
u(x,t) &= \frac{1}{2\sqrt{\pi ct}}\int_{0}^{\infty} f(y)e^{-(x-y)^2/4ct}dy \\
&\quad + \frac{1}{2\sqrt{\pi ct}}\int_{-\infty}^{0} f(y)e^{-(x-y)^2/4ct}dy. \qquad (6.21)
\end{aligned}$$

右辺の 2 番目の積分で $y=-z$ とおいて, さらに f が奇関数であることを使うと,

$$\begin{aligned}
\int_{-\infty}^{0} f(y)e^{-(x-y)^2/4ct}dy &= \int_{0}^{\infty} f(-z)e^{-(x+z)^2/4ct}dz \\
&= -\int_{0}^{\infty} f(z)e^{-(x+z)^2/4ct}dz.
\end{aligned}$$

これを (6.21) に代入すると, 定理 6.2 の公式が得られる. 証明終. □

例題 6.1. 次の初期値問題を解け.

$$\begin{aligned}
&\frac{\partial u}{\partial t} = \frac{\partial^2 u}{\partial x^2} \qquad (-\infty < x < \infty,\ t>0), \\
&u(x,0) = e^{-x^2}.
\end{aligned}$$

定理 6.1 より, 解は

$$u(x,t) = \frac{1}{2\sqrt{\pi t}} \int_{-\infty}^{\infty} e^{-(x-y)^2/4t} e^{-y^2}\, dy$$

である. 被積分関数の e の指数をとり出して計算すると,

$$\begin{aligned} -\frac{(x-y)^2}{4t} - y^2 &= \left(-1 - \frac{1}{4t}\right) y^2 + \frac{1}{2t} xy - \frac{1}{4t} x^2 \\ &= -\frac{4t+1}{4t} \left(y - \frac{1}{4t+1} x\right)^2 - \frac{x^2}{4t+1} \\ &= -z^2 - \frac{x^2}{4t+1} \end{aligned}$$

となる. ここで,

$$z = \sqrt{\frac{4t+1}{4t}} \left(y - \frac{1}{4t+1} x\right)$$

とおいた. この変換により, 変数 y を z に置き換える置換積分を行うと,

$$u(x,t) = \frac{1}{2\sqrt{\pi t}} e^{-x^2/(4t+1)} \sqrt{\frac{4t}{4t+1}} \int_{-\infty}^{\infty} e^{-z^2}\, dz = \frac{1}{\sqrt{4t+1}} e^{-x^2/(4t+1)},$$

が得られる. これが求める解である.

例題 6.2. 次の初期境界値問題を解け.

$$\begin{aligned} &\frac{\partial u}{\partial t} = \frac{\partial^2 u}{\partial x^2} \qquad (0 < x < \infty,\ t > 0), \\ &u(x,0) = x^3, \quad (0 < x < \infty), \\ &u(0,t) = 0, \quad (t > 0). \end{aligned}$$

定理 6.2 を使ってもよいが, 定理 6.1 も同じものなので, 定理 6.1 の公式を使う. このとき,

$$u(x,t) = \frac{1}{2\sqrt{\pi t}} \int_{-\infty}^{\infty} y^3 e^{-(x-y)^2/4t} dy = \frac{1}{2\sqrt{\pi t}} \int_{-\infty}^{\infty} (x-y)^3 e^{-y^2/4t} dy.$$

ここで, $z = y/2\sqrt{t}$ とおいて置換積分すると,

$$
\begin{aligned}
u(x,t) &= \frac{1}{\sqrt{\pi}} \int_{-\infty}^{\infty} (x - 2\sqrt{t}z)^3 e^{-z^2}\, dz \\
&= \frac{1}{\sqrt{\pi}} \int_{-\infty}^{\infty} \left(x^3 - 6\sqrt{t}\, x^2 z + 12xtz^2 - 8t^{3/2} z^3 \right) e^{-z^2}\, dz \\
&= \frac{1}{\sqrt{\pi}} \left(x^3 \int_{-\infty}^{\infty} e^{-z^2}\, dz - 6\sqrt{t}\, x^2 \int_{-\infty}^{\infty} z e^{-z^2}\, dz \right. \\
&\left. +12xt \int_{-\infty}^{\infty} z^2 e^{-z^2}\, dz - 8t^{3/2} \int_{-\infty}^{\infty} z^3 e^{-z^2}\, dz \right). \qquad (6.22)
\end{aligned}
$$

最後に表れた 4 つの積分値は, 次のように計算できる.

$$
\int_{-\infty}^{\infty} e^{-z^2}\, dz = \sqrt{\pi}, \qquad (6.23)
$$

$$
\int_{-\infty}^{\infty} z e^{-z^2}\, dz = \int_{-\infty}^{\infty} z^3 e^{-z^2}\, dz = 0, \qquad (6.24)
$$

$$
\int_{-\infty}^{\infty} z^2 e^{-z^2}\, dz = \frac{\sqrt{\pi}}{2}. \qquad (6.25)
$$

実際に, (6.23) は既に補題 6.1 で示した. (6.24) は被積分関数が奇関数なので積分値が 0 になるためである. (6.25) を証明しよう. $ze^{-z^2} = -(1/2)(e^{-z^2})'$ なので, 部分積分により, 任意の $R > 0$ に対して,

$$
\begin{aligned}
\int_{-R}^{R} z^2 e^{-z^2}\, dz &= -\frac{1}{2} \int_{-R}^{R} z (e^{-z^2})' dz \\
&= -\frac{1}{2} \left[z e^{-z^2} \right]_{-R}^{R} + \frac{1}{2} \int_{-R}^{R} e^{-z^2}\, dz \\
&= -Re^{-R^2} + \frac{1}{2} \int_{-R}^{R} e^{-z^2}\, dz
\end{aligned}
$$

が成り立つ. $R \to \infty$ のとき, $Re^{-R^2} \to 0$ なので, 上式で $R \to \infty$ として, (6.23) を使うと (6.25) が得られる. 式 (6.22) に (6.23)–(6.25) を代入すると, 次の解が得られる.

$$
u(x,t) = \frac{1}{\sqrt{\pi}} \left(\sqrt{\pi} x^3 + 12xt \frac{\sqrt{\pi}}{2} \right) = x^3 + 6xt.
$$

6.2 無限区間における波動方程式

次の無限区間における波動方程式を考える.

$$\frac{\partial^2 u}{\partial t^2} = c^2 \frac{\partial^2 u}{\partial x^2}, \quad (-\infty < x < \infty,\ t > 0) \tag{6.26}$$

$$u(x,0) = f(x), \quad u_t(x,0) = g(x). \tag{6.27}$$

ここで, $c > 0$ は定数であり, $f(x)$ と $g(x)$ は与えられた関数である.

この方程式の解は (3.64) のダランベールの公式で表される. 以前は, フーリエ級数を用いてこの公式を導いたが, 別の方法でこれを求めよう. 次の変数変換を行う.

$$\xi = x + ct, \quad \eta = x - ct. \tag{6.28}$$

新しい変数 ξ, η が定義されている. このとき, 次の偏微分が計算できる.

$$\frac{\partial \xi}{\partial x} = 1, \quad \frac{\partial \xi}{\partial t} = c, \quad \frac{\partial \eta}{\partial x} = 1, \quad \frac{\partial \eta}{\partial t} = -c,$$

上の関係式に注意して, 合成関数の偏微分の公式を使うと,

$$u_x = \frac{\partial u}{\partial \xi}\frac{\partial \xi}{\partial x} + \frac{\partial u}{\partial \eta}\frac{\partial \eta}{\partial x} = u_\xi + u_\eta,$$

$$u_t = \frac{\partial u}{\partial \xi}\frac{\partial \xi}{\partial t} + \frac{\partial u}{\partial \eta}\frac{\partial \eta}{\partial t} = cu_\xi - cu_\eta$$

さらに偏微分を計算すると,

$$u_{xx} = u_{\xi\xi} + 2u_{\xi\eta} + u_{\eta\eta},$$

$$u_{tt} = c^2 u_{\xi\xi} - 2c^2 u_{\xi\eta} + c^2 u_{\eta\eta}.$$

上の2つの式を (6.26) に代入すると, $u_{\xi\eta} = 0$ が得られる. この式は u_ξ を η で偏微分して 0 になることを示している. すなわち, u_ξ は η に関して定数になる. ゆえに, ある関数 ϕ があり, $u_\xi = \phi(\xi)$ と表すことができる. この式を ξ で積分すると,

$$u = \int \phi(\xi)d\xi + \psi(\eta)$$

となる．ここで $\psi(\eta)$ は η の関数である．$\int\phi(\xi)d\xi$ を改めて $\phi(\xi)$ と書くと，

$$u(x,t)=\phi(\xi)+\psi(\eta)=\phi(x+ct)+\psi(x-ct). \tag{6.29}$$

この関数は (6.26) の解であり，逆に (6.26) の任意の解は上の形をしている．この関数が初期条件 (6.27) を満たすように ϕ, ψ を定めよう．上式に $t=0$ を代入して (6.27) を使うと，

$$u(x,0)=\phi(x)+\psi(x)=f(x). \tag{6.30}$$

(6.29) を $t=0$ で微分して (6.27) を使うと，

$$u_t(x,0)=c\phi'(x)-c\psi'(x)=g(x).$$

上式を積分すると，

$$\phi(x)-\psi(x)=\frac{1}{c}\int_0^x g(s)ds+C. \tag{6.31}$$

ただし，C は積分定数である．(6.30), (6.31) より，

$$\phi(x)=\frac{1}{2}f(x)+\frac{1}{2c}\int_0^x g(s)ds+\frac{C}{2},$$
$$\psi(x)=\frac{1}{2}f(x)-\frac{1}{2c}\int_0^x g(s)ds-\frac{C}{2},$$

これらを (6.29) に代入すると，

$$\begin{aligned}u(x,t)&=\phi(x+ct)+\psi(x-ct)\\&=\frac{1}{2}(f(x+xt)+f(x-ct))+\frac{1}{2c}\int_0^{x+ct}g(s)ds-\frac{1}{2c}\int_0^{x-ct}g(s)ds\\&=\frac{1}{2}(f(x+xt)+f(x-ct))+\frac{1}{2c}\int_{x-ct}^{x+ct}g(s)ds.\end{aligned}$$

上の式をまとめると，次のダランベールの公式となる．

$$u(x,t)=\frac{1}{2}\left(f(x+ct)+f(x-ct)\right)+\frac{1}{2c}\int_{x-ct}^{x+ct}g(s)ds. \tag{6.32}$$

有限区間における定理 3.4 の証明は，そのまま無限区間でも有効である．

定理 6.3. $f(x)$ は 2 回連続微分可能, $g(x)$ は 1 回連続微分可能と仮定する. このとき (6.32) で定義された $u(x,t)$ は波動方程式 (6.26), (6.27) の解である.

定理 6.4. $f(x)$ と $g(x)$ は定理 6.3 の仮定を満たすものとする. このとき, (6.26), (6.27) の解は一意である.

証明. (6.26), (6.27) の任意の 2 つの解 $u_1(x,t)$, $u_2(x,t)$ をとる. これらの解は,$-\infty < x < \infty$, $t > 0$ の部分で C^2 級 (すなわち, x,t について 2 階までの偏導関数が存在して, それらが連続) である. また, $-\infty < x < \infty$, $t \geqq 0$ の部分で C^1 級で初期条件 (6.27) を満たす. $u(x,t) = u_1(x,t) - u_2(x,t)$ とおく. このとき, $u(x,t)$ は (6.26) と次の条件を満たす.

$$u(x,0) = 0, \quad u_t(x,0) = 0. \tag{6.33}$$

すべての x,t に対して $u(x,t) = 0$ を示せばよい. (6.28) の変数変換をすると $u_{\xi\eta} = 0$ となるので, $u(x,t)$ は (6.29) のように表すことができる.

$$u(x,t) = \phi(x+ct) + \psi(x-ct).$$

この式に $t = 0$ を代入すると (6.33) より, $0 = u(x,0) = \phi(x) + \psi(x)$ がすべての x に対して成り立つ. すなわち, $\psi(x) = -\phi(x)$ である. 従って,

$$u(x,t) = \phi(x+ct) + \psi(x-ct) = \phi(x+ct) - \phi(x-ct), \tag{6.34}$$

となる. この式に $x = ct$ を代入すると, $u(ct,t) = \phi(2ct) - \phi(0)$ である. $u(x,t)$ は $t \geqq 0$ の部分で C^1 級なので, $\phi(t)$ も $t \geqq 0$ の部分で C^1 級になる. (6.34) に $x = -ct$ を代入すると $u(-ct,t) = \phi(0) - \phi(-2ct)$ なので $\phi(-2ct)$ は $t \geqq 0$ の部分で C^1 級になる. すなわち, $\phi(t)$ は $t \leqq 0$ の部分で C^1 級になる. 結局 $\phi(t)$ は $\mathbb{R}$ 全体で C^1 級になる. (6.34) を t について微分して $t = 0$ を代入し, さらに (6.33) を使うと,

$$0 = u_t(x,0) = c\phi'(x) + c\phi'(x) = 2c\phi'(x)$$

よって, $\phi(x)$ は定数である. これを C とおくと (6.34) より,

$$u(x,t) = \phi(x+ct) - \phi(x-ct) = C - C = 0.$$

ゆえに, $u(x,t) \equiv 0$ となり, 解は一意である. □

例題 6.3. $f(x) = x^3$, $g(x) = x$ のとき, (6.26), (6.27) の解を求めよ.

ダランベールの公式に $f(x) = x^3$, $g(x) = x$ を代入する. このとき,

$$\begin{aligned} u(x,t) &= \frac{1}{2}\left(f(x+ct) + f(x-ct)\right) + \frac{1}{2c}\int_{x-ct}^{x+ct} g(s)ds \\ &= \frac{1}{2}\left((x+ct)^3 + (x-ct)^3\right) + \frac{1}{2c}\int_{x-ct}^{x+ct} s\,ds \\ &= x^3 + 3c^2xt^2 + xt. \end{aligned}$$

6.3　上半平面におけるラプラス方程式

上半平面でのラプラス方程式の境界値問題,

$$\Delta u = \frac{\partial^2 u}{\partial x^2} + \frac{\partial^2 u}{\partial y^2} = 0, \quad (x \in \mathbb{R},\ y > 0), \tag{6.35}$$

$$u(x,0) = f(x), \tag{6.36}$$

をフーリエ変換を使って解こう. これだけでは, 解はただ一つには定まらない. たとえば, $f(x) \equiv 0$ のとき, $u(x,y) = ay$ (a は定数) は, どのような a に対しても (6.35), (6.36) の解になる. 解をただ一つにするため, $u(x,y)$ に次の条件を仮定する.

$$\sup_{y \geqq 0} \int_{-\infty}^{\infty} |u(x,y)|dx < \infty. \tag{6.37}$$

この条件を満たす解 $u(x,y)$ を求める. (6.35) を x について, フーリエ変換する.

$$(i\xi)^2 \widehat{u}(\xi,y) + \frac{\partial^2 \widehat{u}}{\partial y^2} = 0. \tag{6.38}$$

ここで, ξ を任意に固定して, $\widehat{u}(\xi, y)$ を $v(y)$ と書くと, 上式は,

$$v''(y) - \xi^2 v(y) = 0$$

となる. これを解くと,

$$v(y) = A(\xi)e^{\xi y} + B(\xi)e^{-\xi y}$$

となる. すなわち,

$$\widehat{u}(\xi, y) = A(\xi)e^{\xi y} + B(\xi)e^{-\xi y}.$$

ここで, (6.37) を使うと,

$$\begin{aligned} |\widehat{u}(\xi, y)| &\leqq \frac{1}{\sqrt{2\pi}} \int_{-\infty}^{\infty} |u(x, y)e^{-ix\xi}| dx \\ &\leqq \frac{1}{\sqrt{2\pi}} \sup_{y \geqq 0} \int_{-\infty}^{\infty} |u(x, y)| dx \equiv C < \infty. \end{aligned}$$

となり, $\widehat{u}(\xi, y)$ は, ξ, y について有界な関数になる. すなわち,

$$|A(\xi)e^{\xi y} + B(\xi)e^{-\xi y}| \leqq C \quad (\xi \in \mathbb{R},\ y \geqq 0). \tag{6.39}$$

この式から, $\xi > 0$ のとき, $A(\xi) = 0$, $\xi < 0$ のとき, $B(\xi) = 0$ が出る. 実際に, ある $\xi > 0$ で, $A(\xi) \neq 0$ ならば, (6.39) で $y \to \infty$ とすると, 矛盾が出る. よって, すべての $\xi > 0$ に対して, $A(\xi) = 0$ となり, 同様にして, $\xi < 0$ のとき, $B(\xi) = 0$ となる. 従って, $\xi > 0$ のとき, $\widehat{u}(\xi, 0) = B(\xi)$, $\xi < 0$ のとき, $\widehat{u}(\xi, 0) = A(\xi)$ となる. 一方, (6.36) より, $\widehat{u}(\xi, 0) = \widehat{f}(\xi)$ なので,

$$B(\xi) = \widehat{f}(\xi) \quad (\xi > 0), \qquad A(\xi) = \widehat{f}(\xi) \quad (\xi < 0),$$

が得られる. よって,

$$\widehat{u}(\xi, y) = A(\xi)e^{\xi y} + B(\xi)e^{-\xi y} = \widehat{f}(\xi)e^{-y|\xi|} \tag{6.40}$$

が成り立つ. 両辺のフーリエ逆変換をとると,

$$u(x, y) = \mathscr{F}^{-1}[\widehat{f}e^{-y|\xi|}](x) = \frac{1}{\sqrt{2\pi}} \int_{-\infty}^{\infty} \widehat{f}(\xi)e^{-y|\xi|}e^{ix\xi} d\xi.$$

この式に $\widehat{f}$ の定義式,

$$\widehat{f}(\xi) = \frac{1}{\sqrt{2\pi}} \int_{-\infty}^{\infty} f(z) e^{-iz\xi} dz,$$

を代入して, 積分順序を交換すると,

$$u(x,y) = \frac{1}{2\pi} \int_{-\infty}^{\infty} f(z) \left\{ \int_{-\infty}^{\infty} e^{i(x-z)\xi - y|\xi|} d\xi \right\} dz.$$

かっこ { } の中の積分の非積分関数の絶対値は,

$$\left| e^{i(x-z)\xi - y|\xi|} \right| = e^{-y|\xi|}$$

である. $y > 0$ なので上の関数は ξ について積分可能になる. かっこ { } の中の積分は次のように計算される.

$$\begin{aligned}
&\int_{-\infty}^{\infty} e^{i(x-z)\xi - y|\xi|} d\xi \\
&= \int_{-\infty}^{0} e^{i(x-z)\xi + y\xi} d\xi + \int_{0}^{\infty} e^{i(x-z)\xi - y\xi} d\xi \\
&= \left[\frac{1}{i(x-z)+y} e^{(i(x-z)+y)\xi} \right]_{-\infty}^{0} + \left[\frac{1}{i(x-z)-y} e^{(i(x-z)-y)\xi} \right]_{0}^{\infty} \\
&= \frac{1}{i(x-z)+y} - \frac{1}{i(x-z)-y} \\
&= \frac{2y}{(x-z)^2 + y^2}
\end{aligned}$$

従って,

$$u(x,y) = \frac{1}{\pi} \int_{-\infty}^{\infty} \frac{y}{(x-z)^2 + y^2} f(z) dz. \tag{6.41}$$

これが求める解である. f が絶対可積分ならば, ここで定義した $u(x,y)$ は (6.37) を満たす. 実際に, 積分順序の交換により,

$$\int_{-\infty}^{\infty} |u(x,y)| dx \leqq \frac{1}{\pi} \int_{-\infty}^{\infty} |f(z)| \left\{ \int_{-\infty}^{\infty} \frac{y}{(x-z)^2 + y^2} dx \right\} dz.$$

かっこ $\{\ \}$ の中の積分で, $x-z=yt$ とおいて, x 変数を t 変数に置換積分すると,

$$\int_{-\infty}^{\infty} \frac{y}{(x-z)^2+y^2} dx = \int_{-\infty}^{\infty} \frac{1}{t^2+1} dt = \pi. \tag{6.42}$$

よって,

$$\int_{-\infty}^{\infty} |u(x,y)| dx \leqq \int_{-\infty}^{\infty} |f(z)| dz < \infty \tag{6.43}$$

となり, $u(x,y)$ は (6.37) を満たす. $f(x)$ が絶対可積分でなくても, 有界な連続関数ならば, (6.41) の $u(x,y)$ は解になる. ただし, この場合 $u(x,y)$ は (6.37) を満たさないが, x, y について有界になる. また, $u(x,y)$ は $y>0$ で C^∞ 級になることが知られている.

定理 6.5. $f(x)$ を絶対可積分または有界な連続関数とする. このとき, (6.41) で定義した $u(x,y)$ は (6.35), (6.36) の解である. さらに, $u(x,y)$ は $y>0$ で C^∞ 級である.

f が絶対可積分なら (6.41) で定義した解 u は (6.43) を満たしている. 従って, (6.37) も満たしている. f が有界なら (6.41) で定義した解 u は有界になる. 実際に, (6.41) の絶対値をとり, (6.42) を使うと,

$$|u(x,y)| \leqq \frac{1}{\pi} \int_{-\infty}^{\infty} \frac{y}{(x-z)^2+y^2} dz \sup_{z\in\mathbb{R}} |f(z)| = \sup_{z\in\mathbb{R}} |f(z)| < \infty.$$

となり $u(x,y)$ は有界である.

既に定義したように, $\Delta u = 0$ となる関数 $u(x,y)$ を調和関数という. (6.35), (6.36) の解の一意性を証明するために次の補題を述べる.

補題 6.3 (リウビルの定理). $\mathbb{R}^N$ 全体で有界な調和関数は定数である.

「有界な整関数 (複素平面全体で正則な関数) は定数である」もリウビルの定理と呼ばれる. 上の補題の証明については省略する. 興味のある読者は [6, p.372, 系 24.6] または [2, p.30, Theorem 8] を見よ.

定理 6.6. $f(x)$ が絶対可積分とする．このとき (6.35), (6.36) の解で (6.37) を満たすものは一意である．$f(x)$ が有界な連続関数とする．このとき (6.35), (6.36) の解で有界なものは一意である．

証明. u_1, u_2 を (6.35), (6.36) の任意の 2 つの解とする．$u(x,t) = u_1(x,t) - u_2(x,t)$ とおく．このとき $u(x,y)$ は次の方程式を満たす．

$$\Delta u = 0 \quad (x \in \mathbb{R},\ y > 0), \qquad u = 0 \quad (x \in \mathbb{R},\ y = 0). \tag{6.44}$$

すべての x, y に対して，$u(x,y) = 0$ を証明すればよい．

f が絶対可積分と仮定する．u_1, u_2 が (6.37) を満たすので，$u(x,y)$ は x について絶対可積分になる．これを x に関してフーリエ変換すると，u は (6.38) を満たす．従って，$f(x) \equiv 0$ としたときの (6.40) も満たす．ゆえに，すべての ξ, y に対して，$\widehat{u}(\xi, y) = 0$ となり，$u(x,y) \equiv 0$ が従う．

f が有界な連続関数の場合を考える．有界な解の一意性を示す．解 $u_1(x,y)$, $u_2(x,y)$ も有界なので，$u(x,y)$ も有界である．$u(x,y)$ は (6.44) を満たすので楕円型偏微分方程式の正則性定理 (参考文献 [5, p.87, 系 2.39]) により，$u(x,y)$ は $x \in \mathbb{R}$, $y \geqq 0$ の範囲で C^∞ 級になる．特に C^2 級である．ここで次のように $v(x,y)$ を定義する．

$$v(x,y) = \begin{cases} u(x,y) & (x \in \mathbb{R},\ y \geqq 0), \\ -u(x,-y) & (x \in \mathbb{R},\ y < 0). \end{cases} \tag{6.45}$$

$u(x,0) = 0$ なので，上の定義式より $v(x,y)$ は $\mathbb{R}^2$ 全体で連続である．$v(x,y)$ が $\mathbb{R}^2$ 全体で C^2 級になることを示そう．直線 $y = 0$ の上での $v(x,y)$ の 2 階までの偏導関数の連続性を調べれば良い．すべての x に対して，$u(x,0) = 0$ なので，

$$u_x(x,0) = u_{xx}(x,0) = \cdots = 0. \tag{6.46}$$

$v(x,y)$ の定義 (6.45) より，

$$v_x(x,y) = u_x(x,y) \quad (y > 0), \qquad v_x(x,y) = -u_x(x,-y) \quad (y < 0).$$

$(x_0, 0)$ を任意に固定し，この点における偏導関数の連続性を証明する．$u(x, y)$ は $(x, y) \in \mathbb{R} \times [0, \infty)$ において C^∞ 級である．ゆえに次が成り立つ．

$$\lim_{\substack{x \to x_0 \\ y \to +0}} v_x(x, y) = u_x(x_0, 0) = 0,$$

$$\lim_{\substack{x \to x_0 \\ y \to -0}} v_x(x, y) = -u_x(x_0, 0) = 0.$$

ゆえに，

$$\lim_{\substack{x \to x_0 \\ y \to +0}} v_x(x, y) = \lim_{\substack{x \to x_0 \\ y \to -0}} v_x(x, y) = 0.$$

同様に計算すると，

$$\lim_{\substack{x \to x_0 \\ y \to +0}} v_{xx}(x, y) = \lim_{\substack{x \to x_0 \\ y \to -0}} v_{xx}(x, y) = 0$$

である．v_y を調べる．(6.45) より，

$$v_y(x, y) = u_y(x, y) \quad (y > 0), \qquad v_y(x, y) = u_y(x, -y) \quad (y < 0),$$

ゆえに，

$$\lim_{\substack{x \to x_0 \\ y \to +0}} v_y(x, y) = u_y(x_0, 0) = \lim_{\substack{x \to x_0 \\ y \to -0}} v_y(x, y).$$

$u(x, y)$ は $x \in \mathbb{R},\ y \geqq 0$ で C^2 級なので，この範囲で $\Delta u(x, y) = 0$ が成り立つ．このとき，

$$u_{xx}(x, 0) + u_{yy}(x, 0) = 0$$

である．この式と (6.46) より，$u_{yy}(x, 0) = 0$ である．(6.45) より

$$v_{yy}(x, y) = u_{yy}(x, y) \quad (y > 0), \qquad v_{yy}(x, y) = -u_{yy}(x, -y) \quad (y < 0),$$

である．$u_{yy}(x, 0) = 0$ なので

$$\lim_{\substack{x \to x_0 \\ y \to +0}} v_{yy}(x, y) = u_{yy}(x_0, 0) = 0 \qquad \lim_{\substack{x \to x_0 \\ y \to -0}} v_{yy}(x, y) = -u_{yy}(x_0, 0) = 0.$$

従って, 次の式が成り立つ.

$$\lim_{\substack{x\to x_0\\ y\to+0}} v_{yy}(x,y) = \lim_{\substack{x\to x_0\\ y\to-0}} v_{yy}(x,y).$$

次に (6.45) を x, y で微分すると

$$v_{xy}(x,y) = u_{xy}(x,y) \quad (y>0), \qquad v_{xy}(x,y) = u_{xy}(x,-y) \quad (y<0).$$

ゆえに

$$\lim_{\substack{x\to x_0\\ y\to+0}} v_{xy}(x,y) = u_{xy}(x_0,0) = \lim_{\substack{x\to x_0\\ y\to-0}} v_{xy}(x,y).$$

v_{yx} についても同様に計算できる. 以上により $v(x,y)$ は $\mathbb{R}^2$ 全体で C^2 級になる. また, そこで $\Delta v = 0$ となる. すなわち $v(x,y)$ は $\mathbb{R}^2$ 全体での調和関数になる. また $u(x,y)$ は有界なので, $v(x,y)$ は $\mathbb{R}^2$ で有界になる. このとき, 補題 6.3 (リウビルの定理) により, $v(x,y)$ は定数になる. ゆえに $u(x,y)$ も定数である. (6.44) より $u(x,y)\equiv 0$ である. 証明終 □

例題 6.4. $f(x) = \cos x$ のとき, (6.35), (6.36) の解を求めよ.

(6.41) に $f(x)=\cos x$ を代入すると,

$$u(x,y) = \frac{y}{\pi}\int_{-\infty}^{\infty} \frac{\cos z}{(x-z)^2+y^2}dz. \tag{6.47}$$

上の積分を計算する. まず, $x\in\mathbb{R}$, $y>0$ を任意に固定し, 定数とみなす.

$$g(z) = \frac{e^{iz}}{(z-x)^2+y^2}$$

とおいて, 留数定理を使う. $g(z)$ は実軸上に特異点を持たない. $g(z)$ の特異点は $\alpha = x+yi$, $\beta = x-yi$ であり, それぞれ 1 位の極になる. 上半平面 $\operatorname{Im} z>0$ にある特異点は, $z=\alpha$ である. 留数を $\operatorname{Res}(g,\alpha)$ と表すとき,

$$\operatorname{Res}(g,\alpha) = \lim_{z\to\alpha}(z-\alpha)g(z) = \lim_{z\to\alpha}(z-\alpha)\frac{e^{iz}}{(z-\alpha)(z-\beta)} = \frac{e^{ix-y}}{2yi}.$$

上半平面上に原点中心, 半径 R の半円 C_R をとる. C_R は反時計回りに向きを付ける. このとき, C_R: $z = Re^{i\theta}$ $(0 \leqq \theta \leqq \pi)$ とパラメーター表示できる. R が十分大きいとき, C_R と実軸の区間 $[-R, R]$ により囲まれる領域の中にある特異点は, $z = \alpha$ のみである. 従って, 留数定理より

$$\int_{C_R} g(z)dz + \int_{-R}^{R} g(z)dz = 2\pi i \mathrm{Res}(g, \alpha) \tag{6.48}$$

となる. $R \to \infty$ のとき, C_R 上での積分は 0 に収束する. 実際に $z = Re^{i\theta}$ $(0 \leqq \theta \leqq \pi)$ のとき, $|e^{iz}| = e^{-R\sin\theta} \leqq 1$ なので,

$$|g(z)| \leqq \frac{1}{(R - |x|)^2 - y^2}$$

となり, $R \to \infty$ のとき,

$$\left|\int_{C_R} g(z)dz\right| \leqq \int_0^{\pi} \frac{R}{(R - |x|)^2 - y^2} d\theta = \frac{\pi R}{(R - |x|)^2 - y^2} \to 0$$

となるからである. よって, (6.48) において $R \to \infty$ とすると

$$\int_{-\infty}^{\infty} g(z)dz = 2\pi i \mathrm{Res}(g, \alpha) = \frac{\pi}{y} e^{-y}(\cos x + i \sin x)$$

となる. ここで,

$$g(z) = \frac{e^{iz}}{(z - x)^2 + y^2} = \frac{\cos z}{(z - x)^2 + y^2} + i \frac{\sin z}{(z - x)^2 + y^2}$$

を代入すると,

$$\int_{-\infty}^{\infty} \frac{\cos z}{(z - x)^2 + y^2} dz + i \int_{-\infty}^{\infty} \frac{\sin z}{(z - x)^2 + y^2} dz = \frac{\pi}{y} e^{-y}(\cos x + i \sin x).$$

両辺の実部をとると,

$$\int_{-\infty}^{\infty} \frac{\cos z}{(z - x)^2 + y^2} dz = \frac{\pi}{y} e^{-y} \cos x.$$

これを (6.47) に代入して,

$$u(x,y) = e^{-y}\cos x.$$

これが求める解である. 念のため, 確かめて見よう. $u(x,y)$ を x, y について偏微分すると,

$$u_x = -e^{-y}\sin x, \quad u_{xx} = -e^{-y}\cos x,$$

$$u_y = -e^{-y}\cos x, \quad u_{yy} = e^{-y}\cos x,$$

となり, $\Delta u = u_{xx} + u_{yy} = 0$ である. また $u(x,0) = \cos x = f(x)$ も成り立つ.

第 7 章

多次元のフーリエ変換

7.1 多次元のフーリエ変換の定義

$\mathbb{R}^N$ におけるフーリエ変換を定義する．f, F が $\mathbb{R}^N$ 上で絶対可積分とする．このとき，

$$\widehat{f}(\xi) = \mathscr{F}[f](\xi) = \frac{1}{(2\pi)^{N/2}} \int_{\mathbb{R}^N} f(x) e^{-ix\cdot\xi} dx \tag{7.1}$$

$$\check{F}(x) = \mathscr{F}^{-1}[F](x) = \frac{1}{(2\pi)^{N/2}} \int_{\mathbb{R}^N} F(\xi) e^{ix\cdot\xi} d\xi \tag{7.2}$$

としてフーリエ変換 $\mathscr{F}[f]$, フーリエ逆変換 $\mathscr{F}^{-1}[F]$ を定義する．ここで，$x\cdot\xi$ は x と ξ の内積である．すなわち，

$$x\cdot\xi = \sum_{k=1}^{N} x_k \xi_k \qquad (x = (x_1, \ldots, x_N),\ \xi = (\xi_1, \ldots, \xi_N))$$

と定義する．例えば，$N = 2$ のときフーリエ変換は次のように書き換えることができる．

$$\widehat{f}(\xi_1, \xi_2) = \frac{1}{\sqrt{2\pi}} \int_{-\infty}^{\infty} \left(\frac{1}{\sqrt{2\pi}} \int_{-\infty}^{\infty} f(x_1, x_2) e^{-ix_1\xi_1} dx_1 \right) e^{-ix_2\xi_2} dx_2.$$

すなわち, まず $f(x_1, x_2)$ を x_1 についてフーリエ変換し, 次にそれを x_2 についてフーリエ変換する. もちろん, 順序は逆でもかまわない. このように多重フーリエ変換は, 各変数について次々にフーリエ変換したものになっている. また, N 次元のフーリエ逆変換も, 各変数について次々にフーリエ逆変換したものの合成になっている. 従って, 1 次元のときの公式のほとんどが, 多次元でもそのまま成り立つ. $L^2(\mathbb{R}^N, \mathbb{C})$ を次のように定義する.

$$L^2(\mathbb{R}^N, \mathbb{C}) = \{u : \ u(x) \text{ は複素数値関数}, \ \int_{\mathbb{R}^N} |u(x)|^2 dx < \infty\}.$$

さらに, $L^2(\mathbb{R}^N, \mathbb{C})$ におけるノルムが次のように定義される.

$$\|u\|_2 = \left(\int_{\mathbb{R}^N} |u(x)|^2 dx \right)^{1/2}.$$

$L^2(\mathbb{R}^N, \mathbb{C})$ においてフーリエ変換を定義する. そのために多重指数と偏微分の記号を用意する.

$$\alpha = (\alpha_1, \ldots, \alpha_N) \qquad (\text{各 } \alpha_k \geqq 0, \text{ 整数})$$

のとき, α を**多重指数** (multi index) という.

$$D^\alpha f(x_1, \ldots, x_N) = \frac{\partial^{|\alpha|}}{\partial x_1^{\alpha_1} \cdots \partial x_N^{\alpha_N}} f, \qquad |\alpha| = \alpha_1 + \cdots + \alpha_N, \tag{7.3}$$

として, 記号 D^α を定義する. たとえば, $N = 3$, $\alpha = (1, 0, 2)$, または $\alpha = (3, 1, 2)$ のとき,

$$D^{(1,0,2)} f = \frac{\partial^3 f}{\partial x_1 \partial x_3^2}, \quad D^{(3,1,2)} f = \frac{\partial^6 f}{\partial x_1^3 \partial x_2 \partial x_3^2},$$

となる. $D^{(0,\ldots,0)} f = f$ と定義する.

$\mathbb{R}^N$ 上で定義された複素数値関数 $f(x)$ を考える. 任意の多重指数 α に対して, $D^\alpha f(x)$ が存在して連続となるような $f(x)$ を無限回微分可能な関数という. そのような関数の集合を $C^\infty(\mathbb{R}^N, \mathbb{C})$ と書く. 任意の自然数 m と任意の多重指数 α に対して,

$$\sup_{x \in \mathbb{R}^N} (1 + |x|^2)^m |D^\alpha f(x)| < \infty,$$

を満たす関数 $f(x) \in C^\infty(\mathbb{R}^N, \mathbb{C})$ の全体を $\mathcal{S}(\mathbb{R}^N)$ と書く．これを**急減少関数** の空間という．ゆえに，$f \in \mathcal{S}(\mathbb{R}^N)$ に対してフーリエ変換 (7.1) と逆変換 (7.2) が定義できる．$L^2(\mathbb{R}^N, \mathbb{C})$ においてフーリエ変換を定義するためにパーセバルの等式を証明する．

補題 7.1. 次のパーセバル等式が成り立つ．

$$\|\widehat{f}\|_2 = \|f\|_2, \quad (f \in \mathcal{S}(\mathbb{R}^N)). \tag{7.4}$$

証明. $f(x_1, \ldots, x_N)$ の変数 x_k に関するフーリエ変換を $\mathscr{F}_k$ で表す．すなわち，

$$\mathscr{F}_k[f](x_1, \ldots, \xi_k, \ldots, x_N) = \frac{1}{\sqrt{2\pi}} \int_{-\infty}^{\infty} f(x_1, \ldots, x_N) e^{-ix_k \xi_k} dx_k \tag{7.5}$$

とする．このとき，すでに述べたように，

$$\mathscr{F}[f] = \mathscr{F}_N \mathscr{F}_{N-1} \cdots \mathscr{F}_1[f] \tag{7.6}$$

が成り立つ．簡単のため $N = 2$ の場合に証明する．一般の N についても以下の方法で証明できる．$\mathscr{F}_2$ についてのパーセバルの等式を使うと

$$\int_{-\infty}^{\infty} |\mathscr{F}_2 \mathscr{F}_1[f](\xi_1, \xi_2)|^2 d\xi_2 = \int_{-\infty}^{\infty} |\mathscr{F}_1[f](\xi_1, x_2)|^2 dx_2.$$

両辺を ξ_1 について積分すると，

$$\begin{aligned}
&\int_{-\infty}^{\infty} \left(\int_{-\infty}^{\infty} |\mathscr{F}_2 \mathscr{F}_1[f](\xi_1, \xi_2)|^2 d\xi_2 \right) d\xi_1 \\
&= \int_{-\infty}^{\infty} \left(\int_{-\infty}^{\infty} |\mathscr{F}_1[f](\xi_1, x_2)|^2 dx_2 \right) d\xi_1 \\
&= \int_{-\infty}^{\infty} \left(\int_{-\infty}^{\infty} |\mathscr{F}_1[f](\xi_1, x_2)|^2 d\xi_1 \right) dx_2
\end{aligned} \tag{7.7}$$

最後の積分で積分順序の交換を行った．$\mathscr{F}_1$ についてのパーセバルの等式を使うと，

$$\int_{-\infty}^{\infty} |\mathscr{F}_1[f](\xi_1, x_2)|^2 d\xi_1 = \int_{-\infty}^{\infty} |f(x_1, x_2)|^2 dx_1$$

これを (7.7) に代入すると

$$\int_{-\infty}^{\infty}\int_{-\infty}^{\infty}|\mathscr{F}_2\mathscr{F}_1[f](\xi_1,\xi_2)|^2d\xi_1d\xi_2=\int_{-\infty}^{\infty}\int_{-\infty}^{\infty}|f(x_1,x_2)|^2dx_1dx_2.$$

すなわち, $\|\mathscr{F}_2\mathscr{F}_1[f]\|_2^2=\|f\|_2^2$ となり, (7.4) が成り立つ. □

補題 5.8 と同様に次の補題が成り立つ.

補題 7.2. $\mathcal{S}(\mathbb{R}^N)$ は $L^2(\mathbb{R}^N,\mathbb{C})$ において稠密である.

微分についてのフーリエ変換の公式は多次元でも成り立つ. 多重指数 α と $x=(x_1,\ldots,x_N)\in\mathbb{R}^N$ に対して, x^α を次のように定義する.

$$x^\alpha=x_1^{\alpha_1}\cdots x_N^{\alpha_N}.$$

定理 7.1. $f(x)$ が n 回連続微分可能であり, $f(x)$ 及びその n 回までのすべての偏導関数が絶対可積分ならば次が成り立つ.

$$\widehat{D^\alpha f}(\xi)=(i\xi)^\alpha\widehat{f}(\xi)\qquad(|\alpha|\leqq n).$$

この定理も, 1 次元のときの結果を繰り返し使えば, 証明できる. 補題 5.4 の (i)–(iv) は $\mathbb{R}$ を $\mathbb{R}^N$ に変えてもそのまま成り立つ. また補題 5.4 (v) は上の定理 7.1 に代えて急減少関数に対して成り立つ. これらの結果を使うと, 補題 5.5 と同様の方法で, $\mathscr{F}$ は $\mathcal{S}(\mathbb{R}^N)$ から $\mathcal{S}(\mathbb{R}^N)$ への線形変換になることが証明できる.

$\mathscr{F}_k$ を (7.5) のように定義すると, (7.6) が成り立つ. さらに

$$\mathscr{F}^{-1}[f]=\mathscr{F}_1^{-1}\mathscr{F}_2^{-1}\cdots\mathscr{F}_N^{-1}[f]$$

となる. 1 次元のときは $\mathscr{F}_k^{-1}$ と $\mathscr{F}_k$ は逆写像の関係にあったので,

$$\begin{aligned}\mathscr{F}^{-1}\mathscr{F}&=\mathscr{F}_1^{-1}\mathscr{F}_2^{-1}\cdots\mathscr{F}_N^{-1}\mathscr{F}_N\mathscr{F}_{N-1}\cdots\mathscr{F}_1\\&=\mathscr{F}_1^{-1}\mathscr{F}_2^{-1}\cdots\mathscr{F}_{N-1}^{-1}\mathscr{F}_{N-1}\cdots\mathscr{F}_1\\&=\cdots=\mathscr{F}_1^{-1}\mathscr{F}_1=I,\end{aligned}$$

となる．ただし I は恒等写像である．同様にして，$\mathscr{F}\mathscr{F}^{-1} = I$ となる．従って，$\mathscr{F}$ は全単射になり，次の定理が成り立つ．

定理 7.2. $\mathscr{F}$ は $\mathcal{S}(\mathbb{R}^N)$ から $\mathcal{S}(\mathbb{R}^N)$ への全単射の線形変換であり，次の式が成り立つ．

$$\mathscr{F}^{-1}\mathscr{F}[f] = f, \quad \mathscr{F}\mathscr{F}^{-1}[f] = f, \quad (f \in \mathcal{S}(\mathbb{R}^N)).$$

1 次元のときと同様の方法で，$L^2(\mathbb{R}^N, \mathbb{C})$ においてフーリエ変換を定義しよう．$f \in L^2(\mathbb{R}^N, \mathbb{C})$ を任意に与える．補題 7.2 より $\mathcal{S}(\mathbb{R}^N)$ は，$L^2(\mathbb{R}^N, \mathbb{C})$ において稠密なので，$\|f_n - f\|_2 \to 0$ を満たす関数列 $f_n \in \mathcal{S}(\mathbb{R}^N)$ をとることができる．パーセバルの等式より，

$$\|\mathscr{F}[f_n] - \mathscr{F}[f_m]\|_2 = \|\mathscr{F}[f_n - f_m]\|_2 = \|f_n - f_m\|_2 \to 0 \quad (n, m \to \infty),$$

なので，$\{\mathscr{F}[f_n]\}$ は $L^2(\mathbb{R}^N, \mathbb{C})$ におけるコーシー列になる．従って，これは収束する．この極限を F とするとき，$\mathscr{F}[f] = F$ として，f のフーリエ変換を定義する．すなわち，

$$\mathscr{F}[f] = \lim_{n \to \infty} \mathscr{F}[f_n]$$

と定義する．右辺の極限は L^2 の意味である．この定義が f_n のとり方によらないことは 1 次元の場合の証明と同様である．

1 次元のとき，フーリエ変換は $L^2(\mathbb{R}, \mathbb{C})$ から $L^2(\mathbb{R}, \mathbb{C})$ への全単射の等距離線形変換になっていたが，$L^2(\mathbb{R}^N, \mathbb{C})$ においてもこれは成り立つ．

定理 7.3. フーリエ変換は，$L^2(\mathbb{R}^N, \mathbb{C})$ から $L^2(\mathbb{R}^N, \mathbb{C})$ への全単射の等距離線形変換になる．従って，次のパーセバルの等式が成り立つ．

$$\|\widehat{f}\|_2 = \|f\|_2, \quad (\widehat{f}, \widehat{g})_2 = (f, g)_2, \qquad (f, g \in L^2(\mathbb{R}^N, \mathbb{C})). \tag{7.8}$$

証明. $\mathcal{S}(\mathbb{R}^N)$ を $\mathcal{S}$ と書く．(7.8) の第 1 式を示せば，第 2 式は定理 2.3 より従う．$f \in L^2(\mathbb{R}^N, \mathbb{C})$ を任意に与える．このとき，$\|f_n - f\|_2 \to 0$ なる関数列 $f_n \in \mathcal{S}$ を選ぶ．補題 7.1 より，$\|\mathscr{F}[f_n]\|_2 = \|f_n\|_2$ が成り立つ．$n \to \infty$

として, $\|\mathscr{F}[f]\|_2 = \|f\|_2$ が得られる. すなわち, (7.8) の第 1 式が成り立つ. この式より $\mathscr{F}$ は単射である.

$\mathscr{F}$ が全射であることを示そう. $g \in L^2(\mathbb{R}^N, \mathbb{C})$ を任意に与えて, 方程式 $\mathscr{F}[f] = g$ を考える. $n \to \infty$ のとき, $\|g_n - g\|_2 \to 0$ となるような関数列 $g_n \in \mathcal{S}$ を選ぶ. 定理 7.2 より $\mathscr{F}$ は, $\mathcal{S}$ からそれ自身への全単射なので, $\mathscr{F}[f_n] = g_n$ を満たす関数列 $f_n \in \mathcal{S}(\mathbb{R}^N)$ が存在する. このとき,

$$\|f_n - f_m\|_2 = \|\mathscr{F}[f_n] - \mathscr{F}[f_m]\|_2 = \|g_n - g_m\|_2 \to 0 \quad (n, m \to \infty),$$

なので f_n は $L^2(\mathbb{R}^N, \mathbb{C})$ におけるコーシー列となり, 収束する. その極限を f とおく. すなわち, $n \to \infty$ のとき $\|f_n - f\|_2 \to 0$ となる.

$$\mathscr{F}[f_n] = g_n \to g, \quad f_n \to f \quad (n \to \infty)$$

である. フーリエ変換の定義より, $\mathscr{F}[f] = g$ となる. よって, $\mathscr{F}$ は全射である. □

$\mathbb{R}^N$ における合成積は, 次のように定義できる.

$$(f * g)(x) = \int_{\mathbb{R}^N} f(x-y)g(y)dy.$$

定理 5.3, 定理 5.7 の証明において, $(-\infty, \infty)$ における積分を $\mathbb{R}^N$ での積分に置き換えると, 合成積に関するフーリエ変換の公式も次のように成り立つ.

$$\begin{aligned} \mathscr{F}[f * g](\xi) &= (2\pi)^{N/2} \widehat{f}(\xi)\widehat{g}(\xi), \\ \mathscr{F}^{-1}[F(\xi)G(\xi)] &= (2\pi)^{-N/2} \mathscr{F}^{-1}[F] * \mathscr{F}^{-1}[G], \\ \mathscr{F}[fg](\xi) &= (2\pi)^{-N/2} (\widehat{f} * \widehat{g})(\xi). \end{aligned} \tag{7.9}$$

このように書いていくと, 1 次元の結果をそのまま多次元にしただけで, 多次元のフーリエ変換は, あまり役に立たないように思われるかもしれない. しかし, これは $\mathbb{R}^N$ におけるソボレフ空間や偏微分方程式の解法に極めて有効な道具である.

7.2　不確定性原理

量子力学においては, **不確定性原理**が成り立つ. ミクロの世界の小さな粒子の位置と運動量を同時に確定させることはできないという定理である. 数学的には, 次のように表せる.

定理 7.4. $u(x)$, $xu(x), \xi\widehat{u}(\xi) \in L^2(\mathbb{R},\mathbb{C})$, $\|u\|_2 = 1$ を仮定する. 以下のように x_0, ξ_0, Δx, $\Delta\xi$ を定義する.

$$x_0 = \int_{-\infty}^{\infty} x|u(x)|^2 dx, \quad \xi_0 = \int_{-\infty}^{\infty} \xi|\widehat{u}(\xi)|^2 d\xi,$$

$$\Delta x = \left(\int_{-\infty}^{\infty} (x - x_0)^2 |u(x)|^2 dx\right)^{1/2},$$

$$\Delta\xi = \left(\int_{-\infty}^{\infty} (\xi - \xi_0)^2 |\widehat{u}(\xi)|^2 d\xi\right)^{1/2}.$$

このとき, 次の不等式が成り立つ.

$$\Delta x \Delta\xi \geqq \frac{1}{2}.$$

等号成立は,

$$u(x) = ke^{-a(x-x_0)^2 + i\xi_0 x}$$

($k \in \mathbb{C}$, $k \neq 0$, $a = \pi|k|^4/2$) の場合である.

ミクロの世界で運動している, ある 1 つの粒子を考える. この粒子の位置は確率論的にしか分からない. その粒子に対する波動関数が, この粒子のすべての物理的情報を持っている. 波動関数はシュレディンガー方程式の解のことである. それを $u(x)$ とする. 今, $\|u\|_2 = 1$ として規格化 (正規化) しておく. このとき, $|u(x)|^2$ はこの粒子が位置 $x \in \mathbb{R}$ に存在する確率密度関数である. 言い換えると, $\mathbb{R}$ の開区間 I をとると, 積分 $\int_I |u(x)|^2 dx$ の値が, 区間 I にこの粒子が含まれる確率である. $\|u\|_2 = 1$ は, $\mathbb{R}$ 全体に粒子が含まれる確率は 1 になることを表す. このとき, パーセバルの等式より $\|\widehat{u}\|_2 = 1$

になる．次にこの粒子の運動量を考える．$|\widehat{u}(\xi)|^2$ は，粒子の運動量が ξ である確率密度関数である．従って，$\mathbb{R}$ の開区間 J をとるとき，積分 $\int_J |\widehat{u}(\xi)|^2 d\xi$ の値が，区間 J にこの粒子の運動量が含まれる確率である．

定理 7.4 で定義した，x_0, ξ_0 はそれぞれ位置の期待値 (平均)，運動量の期待値である．Δx と $\Delta\xi$ は位置と運動量のそれぞれの標準偏差になる．定理 7.4 を証明するために次の補題を準備する．

補題 7.3. $u(x), xu(x), \xi\widehat{u}(\xi) \in L^2(\mathbb{R}, \mathbb{C})$ ならば，$\lim_{x\to\pm\infty} x|u(x)|^2 = 0$ が成り立つ．

証明. $\xi\widehat{u}(\xi) \in L^2(\mathbb{R}, \mathbb{C})$ なので，$u' \in L^2(\mathbb{R}, \mathbb{C})$ となる．この証明は次の節のソボレフ空間で詳しく述べるが，定理 5.1 より $\widehat{u'}(\xi) = i\xi\widehat{u}(\xi)$ なので，次の同値関係が成り立つ．

$$u' \in L^2(\mathbb{R}, \mathbb{C}) \Longleftrightarrow \widehat{u'} \in L^2(\mathbb{R}, \mathbb{C}) \Longleftrightarrow \xi\widehat{u}(\xi) \in L^2(\mathbb{R}, \mathbb{C}).$$

よって，$\xi\widehat{u}(\xi) \in L^2(\mathbb{R}, \mathbb{C})$ のとき，$u' \in L^2(\mathbb{R}, \mathbb{C})$ となる．$x|u(x)|^2$ を微分すると，

$$\frac{d}{dx}(x|u(x)|^2) = \frac{d}{dx}(xu(x)\overline{u(x)}) = |u(x)|^2 + xu'\overline{u} + xu\overline{u'}. \tag{7.10}$$

$u, xu, u' \in L^2(\mathbb{R}, \mathbb{C})$ なので，シュワルツの不等式 (2.9) より (7.10) の右辺は絶対可積分になる．(7.10) の右辺を $f(x)$ とおくと，$f \in L^1(\mathbb{R}, \mathbb{C})$ であり，

$$y|u(y)|^2 - x|u(x)|^2 = \int_x^y \frac{d}{dt}(t|u(t)|^2)dt = \int_x^y f(t)dt.$$

絶対値をとると，

$$|y|u(y)|^2 - x|u(x)|^2| \leqq \left|\int_x^y |f(t)|dt\right| \to 0 \quad (x, y \to \infty).$$

従って，$x \to \infty$ とするとき，$x|u(x)|^2$ はコーシー列となり，収束する．その極限を c とおく．$\lim_{x\to\infty} x|u(x)|^2 = c$. 明らかに，$c \geqq 0$ である．$c = 0$ を

証明する．これに反して，$c > 0$ と仮定する．このとき，ある T が存在して，$x \geqq T$ のとき，$x|u(x)|^2 > c/2$ である．これを使うと，

$$\int_T^\infty |u(x)|^2 dx \geqq \int_T^\infty \frac{c}{2x} dx = \infty,$$

となり，矛盾である． よって，$\lim_{x\to\infty} x|u(x)|^2 = 0$． 同様にして，$\lim_{x\to-\infty} x|u(x)|^2 = 0$ も証明できる．証明終． □

補題 7.3 を使って，定理 7.4 を証明する．

定理 7.4 の証明． $L^2(\mathbb{R}, \mathbb{C})$ の複素内積を $(\cdot,\cdot)_2$ で表す．すなわち，

$$(u, v)_2 = \int_{-\infty}^\infty u(x)\overline{v(x)} dx,$$

である．次のようにして，A, B, C を定義する．

$$\begin{aligned} A &= ((u'(x) - i\xi_0 u(x)), (x - x_0)u(x))_2 \\ &= \int_{-\infty}^\infty (u'(x) - i\xi_0 u(x))(x - x_0)\overline{u(x)} dx, \end{aligned}$$

$$B = \int_{-\infty}^\infty (x - x_0)\overline{u(x)} u'(x) dx, \quad C = \int_{-\infty}^\infty (x - x_0)\overline{u(x)} u(x) dx.$$

$xu(x), u(x), u'(x) \in L^2(\mathbb{R}, \mathbb{C})$ なので，シュワルツの不等式より，上に定義した積分は，すべて収束する．明らかに，$A = B - i\xi_0 C$ となる．$\overline{u(x)}u(x) = |u(x)|^2$ に注意して，さらに $\|u\|_2 = 1$ と x_0 の定義を使って C を計算すると，

$$C = \int_{-\infty}^\infty x|u(x)|^2 dx - x_0 \int_{-\infty}^\infty |u(x)|^2 dx = x_0 - x_0 = 0,$$

となる．よって，$A = B$ である．A にシュワルツの不等式を使うと，

$$\begin{aligned} |A|^2 &\leqq \int_{-\infty}^\infty |x - x_0|^2 |u(x)|^2 dx \int_{-\infty}^\infty |u'(x) - i\xi_0 u(x)|^2 dx \\ &= \int_{-\infty}^\infty |x - x_0|^2 |u(x)|^2 dx \int_{-\infty}^\infty |\mathscr{F}[u'(x) - i\xi_0 u(x)]|^2 d\xi \end{aligned} \tag{7.11}$$

が得られる．最後の式でパーセバルの等式を使った．

$$\mathscr{F}[u'(x) - i\xi_0 u(x)] = i\xi\widehat{u} - i\xi_0\widehat{u} = i(\xi - \xi_0)\widehat{u}(\xi)$$

なので，これを (7.11) に代入して，

$$\begin{aligned}|A|^2 &\leqq \int_{-\infty}^{\infty} |x - x_0|^2 |u(x)|^2 dx \int_{-\infty}^{\infty} |\xi - \xi_0|^2 |\widehat{u}(\xi)|^2 d\xi \\ &= (\Delta x)^2 (\Delta\xi)^2, \end{aligned} \tag{7.12}$$

となる．次に，B を計算する．そのために，次を示す．

$$\mathrm{Re}(u'(x)\overline{u(x)}) = \frac{1}{2}\frac{d}{dx}|u(x)|^2. \tag{7.13}$$

複素数 $z = x + iy$ に対して，

$$z + \overline{z} = x + iy + x - iy = 2x = 2\,\mathrm{Re}\, z,$$

が成り立つ．この式を使うと，

$$\begin{aligned}\frac{d}{dx}|u(x)|^2 &= \frac{d}{dx}(u\overline{u}) = u'(x)\overline{u(x)} + u(x)\overline{u'(x)} \\ &= u'(x)\overline{u(x)} + \overline{u'(x)\overline{u(x)}} = 2\,\mathrm{Re}(u'(x)\overline{u(x)}),\end{aligned}$$

となり，(7.13) が成り立つ．(7.13) を使って，$\mathrm{Re}\, B$ の値を計算すると，

$$\begin{aligned}\mathrm{Re}\, B &= \int_{-\infty}^{\infty} (x - x_0)\,\mathrm{Re}(\overline{u(x)}u'(x))dx \\ &= \frac{1}{2}\int_{-\infty}^{\infty} (x - x_0)(|u(x)|^2)'dx \end{aligned} \tag{7.14}$$

右辺の広義積分を計算する．$X < Y$ とするとき，部分積分を使って，

$$\begin{aligned}&\int_X^Y (x - x_0)(|u(x)|^2)'dx = \left[(x - x_0)|u(x)|^2\right]_X^Y - \int_X^Y |u(x)|^2 dx \\ &= (Y - x_0)|u(Y)|^2 - (X - x_0)|u(X)|^2 - \int_X^Y |u(x)|^2 dx,\end{aligned}$$

となる．上式で $X \to -\infty$, $Y \to \infty$ として，補題 7.3 を使うと，

$$\int_{-\infty}^{\infty} (x - x_0)(|u(x)|^2)' dx = -\int_{-\infty}^{\infty} |u(x)|^2 dx = -1.$$

この式を (7.14) に代入すると，$\mathrm{Re}\, A = \mathrm{Re}\, B = -\dfrac{1}{2}$ である．これと (7.12) を使うと，

$$\frac{1}{2} = |\mathrm{Re}\, A| \leqq |A| \leqq \Delta x \Delta \xi, \tag{7.15}$$

となり求める不等式が得られた．

(7.15) において等号が成立する場合を考える．その場合，シュワルツの不等式 (7.12) において等号が成り立つので，定理 2.1 より，ある複素数 α が存在して，

$$u'(x) - i\xi_0 u(x) = \alpha(x - x_0)u(x), \tag{7.16}$$

となる．この式を A の定義式に代入すると，

$$A = \alpha \|(x - x_0)u(x)\|_2^2$$

が得られる．(7.15) において等号が成り立つので，$|\mathrm{Re}\, A| = |A|$ となる．ゆえに，A は実数である．従って，α は実数である．(7.16) より，

$$u'(x) = (i\xi_0 + \alpha(x - x_0))u(x),$$

となる．$p(x) = i\xi_0 + \alpha(x - x_0)$ とおく．このとき，

$$u'(x) = p(x)u(x). \tag{7.17}$$

次の関数 $P(x)$ を定義する．

$$P(x) = i\xi_0 x + \frac{\alpha}{2}(x - x_0)^2.$$

このとき，$P'(x) = p(x)$ である．この式と (7.17) を使うと

$$(e^{-P(x)}u)' = e^{-P(x)}(u' - p(x)u) = 0,$$

が成り立つ．よって，$e^{-P(x)}u(x)$ は複素定数であり，これを k とおくと，

$$u(x) = ke^{P(x)} = k\exp\left(i\xi_0 x + \frac{\alpha}{2}(x-x_0)^2\right)$$

となる．$|u(x)|^2 = |k|^2\exp(\alpha(x-x_0)^2)$ が積分可能なので，$\alpha < 0$ である．$\dfrac{\alpha}{2} = -a$ とおくと，

$$u(x) = k\exp(i\xi_0 x - a(x-x_0)^2)$$

となる．すなわち，(7.15) で等号が成り立つ関数 $u(x)$ は，上の形の関数である．$\|u\|_2 = 1$ なので，

$$1 = \int_{-\infty}^{\infty} |u(x)|^2 dx = |k|^2 \int_{-\infty}^{\infty} e^{-2a(x-x_0)^2} dx = |k|^2 \frac{\sqrt{\pi}}{\sqrt{2a}}.$$

ゆえに，$a = \dfrac{\pi}{2}|k|^4$ である．証明終. □

定理 7.4 では，$u(x)$, $xu(x), \xi\widehat{u}(\xi)$ が $L^2(\mathbb{R},\mathbb{C})$ に属することを仮定している．これは，$u \in H^1(\mathbb{R})$ の仮定と同じである．$H^1(\mathbb{R})$ は，次の章で説明するソボレフ空間である．$u \in L^2(\mathbb{R},\mathbb{C})$ だけの仮定で不確定性原理は成り立たないものだろうか．次の定理が成り立つ．

定理 7.5. $u \in L^2(\mathbb{R}^N,\mathbb{C})$, $\|u\|_2 = 1$, $0 < \varepsilon < 1/\sqrt{2}$ とする．Ω, D は，次の条件を満たす $\mathbb{R}^N$ のルベーグ可測集合とする．

$$\int_\Omega |u(x)|^2 dx \geqq 1 - \varepsilon^2, \quad \int_D |\widehat{u}(\xi)|^2 d\xi \geqq 1 - \varepsilon^2. \tag{7.18}$$

このとき，

$$|\Omega||D| \geqq (2\pi)^N(1 - 2\varepsilon\sqrt{1-\varepsilon^2}) \tag{7.19}$$

が成り立つ．ここで，$|\Omega|$, $|D|$ は，それぞれ Ω, D の体積を表す．

(7.18) は，領域 Ω に粒子の位置が存在する確率，及び D に運動量が見つかる確率がどちらも $1-\varepsilon^2$ 以上であることを仮定している．ε が十分 0 に近いとき，この確率は 1 に十分近くなる．このとき，結論の式 (7.19) は，Ω

の体積と D の体積の両方を小さくすることはできないことを主張している．片方の体積を小さくすれば，もう片方の体積は，大きくなる．すなわち，狭い範囲に位置を確定し，同時に狭い範囲に運動量を確定させることは，できないことを主張している．$|u(x)|^2$ がディラックのデルタ関数に近い形，すなわち，ある1点に密度を集中させると，そのフーリエ変換の絶対値の2乗は，なだらかな形の関数になるために起きることである．逆に $|\widehat{u}(\xi)|^2$ が1点にピークをもつ険しい山の形 (デルタ関数のような形) に近いときは，$|u(x)|^2$ は，なだらかな，定数関数に近い形をしている．これはフーリエ変換の持っている性質である．

定理 7.5 の証明． 次のシュワルツの不等式を使う．

$$\int_\Omega |u(x)v(x)|dx \leqq \left(\int_\Omega |u(x)|^2 dx\right)^{1/2} \left(\int_\Omega |v(x)|^2 dx\right)^{1/2}.$$

特に $v(x) \equiv 1$ のとき，

$$\int_\Omega |u(x)|dx \leqq \left(\int_\Omega |u(x)|^2 dx\right)^{1/2} \left(\int_\Omega 1 dx\right)^{1/2} \leqq |\Omega|^{1/2} \|u\|_{L^2(\Omega)} \quad (7.20)$$

が成り立つ．(7.19) を証明する．(7.18) より $|\Omega| > 0$, $|D| > 0$ である．$|\Omega| = \infty$ または，$|D| = \infty$ ならば結論は明らかである．$|\Omega| < \infty$, $|D| < \infty$ を仮定する．次の関数 $v(x)$ を定義する．

$$v(x) = \begin{cases} u(x) & (x \in \Omega) \\ 0 & (x \in \mathbb{R}^N \setminus \Omega). \end{cases}$$

さらに，$w(x) = u(x) - v(x)$ とおく．$\|u\|_{L^2(\mathbb{R}^N)} = 1$ と (7.18) の第1式を使うと，

$$\|w\|^2_{L^2(\mathbb{R}^N)} = \|u\|^2_{L^2(\mathbb{R}^N \setminus \Omega)} = \int_{\mathbb{R}^N} |u|^2 dx - \int_\Omega |u|^2 dx \leqq \varepsilon^2.$$

この式とパーセバルの等式を使うと，

$$\|\widehat{w}\|_{L^2(D)} \leqq \|\widehat{w}\|_{L^2(\mathbb{R}^N)} = \|w\|_{L^2(\mathbb{R}^N)} \leqq \varepsilon.$$

(7.18) の第 2 式と $\widehat{u} = \widehat{v} + \widehat{w}$ の関係に注意して,

$$\sqrt{1-\varepsilon^2} \leqq \|\widehat{u}\|_{L^2(D)} \leqq \|\widehat{v}\|_{L^2(D)} + \|\widehat{w}\|_{L^2(D)} \leqq \|\widehat{v}\|_{L^2(D)} + \varepsilon.$$

右辺の ε を左辺に移項して, $\varepsilon < 1/\sqrt{2}$ に注意して両辺を 2 乗すると,

$$1 - 2\varepsilon\sqrt{1-\varepsilon^2} \leqq \|\widehat{v}\|_{L^2(D)}^2. \tag{7.21}$$

一方, $v(x)$ の定義より,

$$\widehat{v}(\xi) = \frac{1}{(2\pi)^{N/2}} \int_{\mathbb{R}^N} v(x) e^{-ix\cdot\xi} dx = \frac{1}{(2\pi)^{N/2}} \int_{\Omega} u(x) e^{-ix\cdot\xi} dx.$$

両辺の絶対値をとり, (7.20) を使うと

$$\begin{aligned}|\widehat{v}(\xi)| &\leqq (2\pi)^{-N/2} \int_{\Omega} |u(x)| dx \\ &\leqq (2\pi)^{-N/2} |\Omega|^{1/2} \|u\|_{L^2(\Omega)} \leqq (2\pi)^{-N/2} |\Omega|^{1/2}.\end{aligned}$$

ここで, $\|u\|_{L^2(\Omega)} \leqq \|u\|_{L^2(\mathbb{R}^N)} = 1$ を使った. 両辺を 2 乗して D 上で積分すると,

$$\int_D |\widehat{v}(\xi)|^2 d\xi \leqq (2\pi)^{-N} |\Omega||D|.$$

この式と (7.21) より (7.19) が得られる. 証明終. □

7.3 ソボレフ空間

$\mathbb{R}^N$ における L^2 型のソボレフ空間とフーリエ変換は非常に相性が良いことが知られている. まず, $\mathbb{R}^N$ の任意のコンパクト部分集合上で, 絶対積分可能な関数の全体を $L^1_{\mathrm{loc}}(\mathbb{R}^N)$ と書く. 添え字の loc は, local(局所的な) の頭文字を取っている. $L^1_{\mathrm{loc}}(\mathbb{R}^N)$ に属する関数を**局所可積分関数**という. 正確には今まで通り, $L^1_{\mathrm{loc}}(\mathbb{R}^N, \mathbb{R})$ や $L^1_{\mathrm{loc}}(\mathbb{R}^N, \mathbb{C})$ と表す. 本節では, 関数はすべて複素数値関数とする. $f(x)$ が無限回微分可能であり, ある $R > 0$ に対して, $|x| \geqq R$ のとき $f(x) = 0$ となるとき, $f \in C_0^\infty(\mathbb{R}^N)$ と書く. 多重指数

α に対して, 偏微分の記号 D^α を (7.3) により定義する. $u, v \in L^1_{\mathrm{loc}}(\mathbb{R}^N)$ に対して, u の D^α に関する**超関数の意味での微分** (弱微分ともいう) が v であるとは, すべての $\phi \in C_0^\infty(\mathbb{R}^N)$ に対して

$$\int_{\mathbb{R}^N} u(x) D^\alpha \phi(x) dx = (-1)^{|\alpha|} \int_{\mathbb{R}^N} v(x)\phi(x) dx$$

が成り立つことと定義する. ここで $\alpha = (\alpha_1, \ldots, \alpha_N)$ は多重指数であり, また, $|\alpha| = \alpha_1 + \cdots + \alpha_N$ と定義する. もし $u(x)$ が滑らかならば, u の超関数微分と普通の微分は一致する. 自然数 m, N に対して,

$$H^m(\mathbb{R}^N) = \{u \in L^2(\mathbb{R}^N, \mathbb{C}) : \ D^\alpha u \in L^2(\mathbb{R}^N, \mathbb{C}) \ (|\alpha| \leqq m)\}$$

と定義する. ここで $D^\alpha u$ は, u の 多重指数 α での超関数の微分である. すなわち, m 階までのすべての超関数の意味での偏微分が L^2 に属するような $u(x)$ の全体が $H^m(\mathbb{R}^N)$ である. これを**ソボレフ空間**という. フーリエ変換は, $L^2(\mathbb{R}^N, \mathbb{C})$ から $L^2(\mathbb{R}^N, \mathbb{C})$ への全単射なので, 定理 7.1 を使うと次の同値関係が得られる.

$$D^\alpha u \in L^2(\mathbb{R}^N, \mathbb{C}) \Longleftrightarrow \widehat{D^\alpha u} \in L^2(\mathbb{R}^N, \mathbb{C}) \Longleftrightarrow \xi^\alpha \widehat{u}(\xi) \in L^2(\mathbb{R}^N, \mathbb{C}).$$

従って, $H^m(\mathbb{R}^N)$ は次のように書き直すことができる.

$$H^m(\mathbb{R}^N) = \{u \in L^2(\mathbb{R}^N, \mathbb{C}) : \ (1 + |\xi|^2)^{m/2} \widehat{u}(\xi) \in L^2(\mathbb{R}^N, \mathbb{C})\}. \quad (7.22)$$

フーリエ変換した関数が, $(1 + |\xi|^2)^{m/2}$ の重み付きの $L^2(\mathbb{R}^N, \mathbb{C})$ に属するものが $H^m(\mathbb{R}^N)$ の元である. 重み関数としては, $(1 + |\xi|^m)$ を使っても同じことであるが, 微分作用素 $1 - \Delta$ との相性を考慮して, $(1 + |\xi|^2)^{m/2}$ の重みを採用している. さらにこの空間は, 次のようにノルムと内積が定義できて, ヒルベルト空間になる.

$$\|u\|_{H^m} = \|(1 + |\xi|^2)^{m/2} \widehat{u}\|_2, \quad (u, v)_{H^m} = \int_{\mathbb{R}^N} (1 + |\xi|^2)^m \widehat{u}(\xi) \overline{\widehat{v}(\xi)} d\xi.$$

ここで $\overline{\widehat{v}(\xi)}$ は $\widehat{v}$ の複素共役である.

ソボレフの埋め込み定理について少し説明する．まずヘルダー連続の定義である．$u(x)$ を $\mathbb{R}^N$ で定義された複素数値関数とする．$0 < \theta < 1$ とする．ある $C > 0$ に対して,

$$|u(x) - u(y)| \leqq C|x - y|^\theta \quad (x, y \in \mathbb{R}^N)$$

が成り立つとき, $u(x)$ を θ 次のヘルダー連続関数という．ただし, 上式において $|u(x) - u(y)|$ の絶対値は複素数の絶対値であり, $|x - y|$ は $\mathbb{R}^N$ におけるユークリッドノルムを表す．有界かつ θ 次ヘルダー連続関数の集合を $C^\theta(\mathbb{R}^N)$ と表す．このとき,

$$\|u\|_{C^\theta} = \sup_x |u(x)| + \sup_{x \neq y} \frac{|u(x) - u(y)|}{|x - y|^\theta}$$

としてノルムが定義され, $C^\theta(\mathbb{R}^N)$ はバナッハ空間になる．

次に m を自然数とする．$\mathbb{R}^N$ 上の関数 $u(x)$ が m 回連続微分可能であり, $u(x)$ 及び m 回までのすべての偏導関数が $\mathbb{R}^N$ で有界であり，ちょうど m 回の偏導関数が θ 次のヘルダー連続関数になるとき $u \in C^{m,\theta}(\mathbb{R}^N)$ と書く．このとき,

$$\|u\|_{C^{m,\theta}} = \sum_{|\alpha| \leqq m} \sup_x |D^\alpha u(x)| + \sum_{|\alpha| = m} \sup_{x \neq y} \frac{|D^\alpha u(x) - D^\alpha u(y)|}{|x - y|^\theta}$$

としてノルムが定義され, $C^{m,\theta}(\mathbb{R}^N)$ はバナッハ空間になる．

定義 7.1. $(X, \|\cdot\|_X)$, $(Y, \|\cdot\|_Y)$ を二つのバナッハ空間とする．$X \subset Y$ であり, ある $C > 0$ が存在して, $\|u\|_Y \leqq C\|u\|_X$, $(u \in X)$ が成り立つとき, X は Y に埋め込まれているといい, $X \hookrightarrow Y$ と書く．ここで, C は u に無関係な定数である．

次の**ソボレフの埋め込み定理**が成り立つ．次の定理で, $C^{0,\theta}(\mathbb{R}^N)$ は $C^\theta(\mathbb{R}^N)$ の意味である．

定理 7.6. m, N は自然数であり, $m > N/2$ を満たすものとする．

(i) N が奇数ならば, $N = 2n - 1$ とおいて, 次の埋め込みが成り立つ.

$$H^m(\mathbb{R}^N) \hookrightarrow C^{m-n,1/2}(\mathbb{R}^N).$$

(ii) N が偶数ならば, $N = 2n$ とおいて, すべての $0 < \theta < 1$ に対して, 次の埋め込みが成り立つ.

$$H^m(\mathbb{R}^N) \hookrightarrow C^{m-n-1,\theta}(\mathbb{R}^N).$$

上の定理の証明は, 長く複雑なので省略する. 興味のある読者は参考文献 [1, 第4章] または [4, 第5章] を見よ.

7.4 楕円型偏微分方程式

次の定数係数の**楕円型偏微分方程式**を考える. ただし, 楕円型偏微分方程式の一般的な定義は述べない.

$$-\Delta u + u = f(x) \quad (x \in \mathbb{R}^N). \tag{7.23}$$

ここで Δ(ラプラシアン) は 以前出てきたように,

$$\Delta u = \sum_{k=1}^{N} \frac{\partial^2 u}{\partial x_k^2}$$

と定義される. $f \in L^2(\mathbb{R}^N, \mathbb{C})$ が与えられたとき, (7.23) の解 u を求める. Δu をフーリエ変換すると,

$$\widehat{\Delta u}(\xi) = \sum_{k=1}^{N} \widehat{\frac{\partial^2 u}{\partial x_k^2}} = \sum_{k=1}^{N} (i\xi_k)^2 \widehat{u} = -|\xi|^2 \widehat{u}$$

となる. ここで, $|\xi| = \left(\sum_{k=1}^{N} \xi_k^2\right)^{1/2}$ である. (7.23) の両辺をフーリエ変換すると,

$$(1 + |\xi|^2)\widehat{u}(\xi) = \widehat{f}(\xi) \tag{7.24}$$

となる．両辺を $1+|\xi|^2$ で割って，フーリエ逆変換すると，

$$u(x) = \mathscr{F}^{-1}\left[\frac{1}{1+|\xi|^2}\widehat{f}\right] = (2\pi)^{-N/2}\int_{\mathbb{R}^N}\frac{\widehat{f}(\xi)e^{ix\cdot\xi}}{1+|\xi|^2}d\xi. \tag{7.25}$$

これが (7.23) の解である． $f \in L^2(\mathbb{R}^N, \mathbb{C})$ のとき (7.22), (7.24) より，$u \in H^2(\mathbb{R}^N)$ となる．ここで，$H^2(\mathbb{R}^N)$ は (7.22) で $m=2$ としたソボレフ空間である． $N=1,2,3$ のときは，$1/(1+|\xi|^2)$ は $L^2(\mathbb{R}^N, \mathbb{C})$ に入り，そのフーリエ逆変換は，$L^2(\mathbb{R}^N, \mathbb{C})$ に定義できる．例えば，$N=3$ の場合，$r=|\xi|$ とおいて極座標を使うと

$$\int_{\mathbb{R}^3}\frac{1}{(1+|\xi|^2)^2}d\xi = 4\pi\int_0^\infty \frac{1}{(1+r^2)^2}r^2dr < \infty,$$

となる．ここで 4π は，$\mathbb{R}^3$ の単位球の表面積である．$N=1,2,3$ のとき (7.9) を使うと，

$$\mathscr{F}^{-1}\left[\frac{1}{1+|\xi|^2}\widehat{f}\right] = (2\pi)^{-N/2}\mathscr{F}^{-1}\left[\frac{1}{1+|\xi|^2}\right] * f \tag{7.26}$$

となる．$N=3$ のときは，$1/(1+|\xi|^2)$ のフーリエ逆変換が具体的に計算できる．それを求める．$N=3$ のときの (7.2) より，

$$\begin{aligned}\mathscr{F}^{-1}\left[\frac{1}{1+|\xi|^2}\right](x) &= (2\pi)^{-3/2}\int_{\mathbb{R}^3}\frac{e^{ix\cdot\xi}}{1+|\xi|^2}d\xi \\ &= \lim_{R\to\infty}(2\pi)^{-3/2}\int_{|\xi|<R}\frac{e^{ix\cdot\xi}}{1+|\xi|^2}d\xi.\end{aligned}$$

$x \neq 0$ として x を任意に固定する．ξ を次のような 3 次元極座標により表示する．まず，$\{u, v, x/|x|\}$ が正規直交系であり，右手系になるように単位ベクトル u, v をとる．ξ と ベクトル x のなす角を θ, $(0 \leqq \theta \leqq \pi)$ とし，ξ を (u,v) 平面に射影したベクトルを ξ' とする．この平面で，ベクトル u, v をそれぞれ x 軸，y 軸の正の方向としたときの，ξ' とベクトル u のなす角を ϕ $(0 \leqq \phi \leqq 2\pi)$ とする．$r=|\xi|$ とおく．この r, θ, ϕ のとり方は，ベクトル u,

v, $x/|x|$ をそれぞれ, x 軸, y 軸, z 軸に置き換えたときの通常の極座標の定義と同じである. 変数変換のヤコビアンは, $r^2 \sin\theta$ である. また,

$$x \cdot \xi = |x||\xi| \cos\theta = |x| r \cos\theta$$

なので, 次の式が成り立つ.

$$\begin{aligned} I_R &\equiv \int_{|\xi|<R} \frac{e^{ix\cdot\xi}}{1+|\xi|^2} d\xi \\ &= \int_0^{2\pi} \left[\int_0^R \left\{ \int_0^\pi \frac{e^{i|x|r\cos\theta}}{1+r^2} r^2 \sin\theta d\theta \right\} dr \right] d\phi \\ &= 2\pi \int_0^R \left\{ \int_0^\pi \frac{e^{i|x|r\cos\theta}}{1+r^2} r^2 \sin\theta d\theta \right\} dr. \end{aligned}$$

さらに $t = \cos\theta$ として置換積分すると,

$$\begin{aligned} I_R &= 2\pi \int_0^R \left\{ \frac{r^2}{1+r^2} \int_{-1}^1 e^{i|x|rt} dt \right\} dr \\ &= \frac{2\pi}{i|x|} \int_0^R \frac{r}{1+r^2} (e^{i|x|r} - e^{-i|x|r}) dr \\ &= \frac{2\pi}{i|x|} \int_{-R}^R \frac{re^{i|x|r}}{1+r^2} dr. \end{aligned}$$

最後の積分を得るときに, $re^{-i|x|r}/(1+r^2)$ の積分で, r を $-r$ として置換積分をしている. ここで, $a = |x|$ とおき, $f(z) = ze^{iaz}/(1+z^2)$ と定義する. 上半平面 $\mathrm{Im}\, z > 0$ における $f(z)$ の特異点は $z = i$ のみであり, これは1位の極となる. その留数を計算すると,

$$\mathrm{Res}(f, i) = \lim_{z\to i} (z-i) f(z) = \lim_{z\to i} (z-i) \frac{ze^{iaz}}{(z-i)(z+i)} = \frac{e^{-a}}{2} = \frac{e^{-|x|}}{2}$$

となる. 従って, 次の式が成り立つ.

$$\lim_{R\to\infty} \int_{-R}^R \frac{re^{i|x|r}}{1+r^2} dr = 2\pi i \mathrm{Res}(f, i) = \pi i e^{-|x|}.$$

この式より I_R の極限値は,

$$\lim_{R\to\infty} I_R = \frac{2\pi}{i|x|}\pi i e^{-|x|} = \frac{2\pi^2}{|x|}e^{-|x|}.$$

よって,

$$\mathscr{F}^{-1}\left[\frac{1}{1+|\xi|^2}\right](x) = (2\pi)^{-3/2}\lim_{R\to\infty} I_R = \sqrt{\frac{\pi}{2}}\frac{1}{|x|}e^{-|x|}.$$

この式と $N=3$ のときの (7.25), (7.26) より,

$$u(x) = \frac{1}{4\pi}\left(\frac{1}{|x|}e^{-|x|}\right) * f(x) = \frac{1}{4\pi}\int_{\mathbb{R}^3}\frac{e^{-|x-y|}}{|x-y|}f(y)dy. \tag{7.27}$$

定理 7.7. $f \in L^2(\mathbb{R}^N, \mathbb{C})$ とする. このとき, (7.23) の解は $H^2(\mathbb{R}^N, \mathbb{C})$ の中に, ただ一つ存在して (7.25) で表される. 特に $N=3$ のときは, (7.27) によって表示される.

証明. 一意性以外は, すでに示されている. 一意性を示す. u_1, u_2 を (7.23) の任意の解とする. $u = u_1 - u_2$ とおくとき,

$$(1-\Delta)u = (1-\Delta)u_1 - (1-\Delta)u_2 = 0.$$

この両辺のフーリエ変換をとると,

$$(1+|\xi|^2)\widehat{u}(\xi) = 0.$$

よって, $\widehat{u}(\xi) = 0$ となり, フーリエ逆変換により $u(x) = 0$ となる. すなわち $u_1(x) = u_2(x)$ が得られて, 解は一意である. 証明終. □

定理 7.8. 定理 7.7 において $f \in H^m(\mathbb{R}^N)$ ならば, 解 u は $H^{m+2}(\mathbb{R}^N)$ に属する. 従って, $m > N/2$ ならば $u \in C^2(\mathbb{R}^N)$ となり, 古典解となる.

証明. (7.24) の両辺に $(1+|\xi|^2)^{m/2}$ をかけて, その両辺の絶対値をとると,

$$(1+|\xi|^2)^{(m+2)/2}|\widehat{u}(\xi)| = (1+|\xi|^2)^{m/2}|\widehat{f}(\xi)|.$$

$f \in H^m(\mathbb{R}^N)$ のとき, (7.22) より上式の右辺は $L^2(\mathbb{R}^N, \mathbb{C})$ に属する. よって, $u \in H^{m+2}(\mathbb{R}^N)$ となる. また, 定理 7.6 より, $m > N/2$ ならば $H^{m+2}(\mathbb{R}^N)$ は $C^2(\mathbb{R}^N)$ に埋め込まれる. ゆえに, $u \in C^2(\mathbb{R}^N)$ となる. 証明終. □

定理 7.8 は楕円型偏微分方程式の正則性定理と呼ばれている. 一般の楕円型偏微分作用素に対しても成り立つが, 証明は複雑である. しかし, $\mathbb{R}^N$ での定数係数の楕円型偏微分方程式については, フーリエ変換を使うと定理 7.8 のように容易に証明できる.

参考文献

[1] R.A. Adams and J.J.F. Fournier, Sobolev spaces, second edition. Elsevier, Amsterdam, (2003 年)

[2] L. C. Evans, Partial Differential Equations (Graduate Studies in Mathematics), American Mathematical Society, (1998 年)

[3] A. Friedman, Partal differential equations of parabolic type. Dover, New York, (2008 年)

[4] 宮島 静雄, ソボレフ空間の基礎と応用, 共立出版, (2006 年)

[5] 村田 實, 倉田 和浩, 楕円型・放物型偏微分方程式, 岩波書店, (2006 年)

[6] J. ヨスト著, 小谷 元子 訳, ポストモダン解析学, シュプリンガー・ジャパン, (2009 年)

索引

著者紹介：

梶木屋 龍治（かじきや・りゅうじ）

1958 年　長崎県生まれ

1983 年　広島大学大学院理学研究科博士課程前期 修了

現　在　大阪電気通信大学教授 理学博士

専　門　微分方程式

関数解析からのフーリエ級数とフーリエ変換

2023 年 1 月 21 日　初版第 1 刷発行

著　者　梶木屋龍治

発行者　富田　淳

発行所　株式会社　現代数学社

〒 606-8425
京都市左京区鹿ヶ谷西寺ノ前町 1
TEL 075 (751) 0727　FAX 075 (744) 0906
https://www.gensu.co.jp/

装　幀　中西真一（株式会社 CANVAS）

印刷・製本　有限会社 ニシダ印刷製本

ISBN978-4-7687-0598-8　2023 Printed in Japan